人工智能开发丛书

Scikit-learn 机器学习高级进阶

潘风文　黄春芳　编著

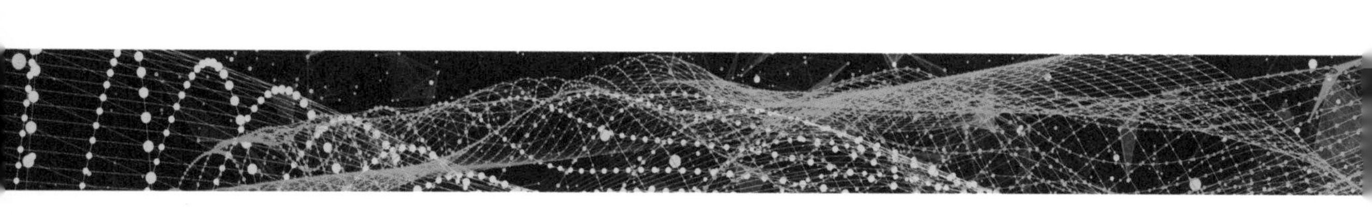

化学工业出版社
·北京·

内容简介

本书是《Scikit-learn机器学习详解》（潘风文编著）的进阶篇，讲解了Sklearn（Scikit-learn）机器学习框架的各种高级应用技术，包括数据集导入工具、集成学习、模型选择和交叉验证、异常检测、管道、信号分解、模型持久化以及Sklearn系统高级配置。通过本书的学习，读者可快速掌握Sklearn框架的高级知识，迈入人工智能殿堂的大门。

本书适合有志于从事机器学习、人工智能技术开发的人员或爱好者使用，也可作为相关专业的教材。

图书在版编目（CIP）数据

Scikit-learn机器学习高级进阶/潘风文，黄春芳编著. —北京：化学工业出版社，2022.11
（人工智能开发丛书）
ISBN 978-7-122-42262-0

Ⅰ. ①S… Ⅱ. ①潘… ②黄… Ⅲ. ①机器学习 Ⅳ. ①TP181

中国版本图书馆CIP数据核字（2022）第178362号

责任编辑：潘新文　　装帧设计：韩　飞
责任校对：李　爽

出版发行：化学工业出版社（北京市东城区青年湖南街13号　邮政编码100011）
印　　装：北京瑞禾彩色印刷有限公司
787mm×1092mm　1/16　印张14　字数279千字　2023年1月北京第1版第1次印刷

购书咨询：010-64518888　　售后服务：010-64518899
网　　址：http://www.cip.com.cn
凡购买本书，如有缺损质量问题，本社销售中心负责调换。

定　　价：89.00元

前言

Sklearn，也称为Scikit-learn，是基于Python语言的开源机器学习库，起源于发起人David Cournapeau在2007年参加谷歌编程之夏GSoC（Google Summer of Code）的一个项目，目前已经成为最受欢迎的机器学习库，已经在很多工程中得到了应用。

Sklearn是一个功能强大的机器学习框架。它基于NumPy、Pandas、Scipy和Matplotlib等数值计算库，实现了丰富且高效的机器学习算法，包括有监督学习、无监督学习和半监督学习模型，几乎涵盖了所有主流的机器学习模型。本书讲述了Sklearn学习框架中比较高级的知识，包括集成学习、管道、交叉验证和异常检测等模型及其应用。作者试图通过通俗易懂的描述、严谨翔实的代码，把晦涩难懂的知识讲解明白，使读者快速掌握Sklearn的高级知识，深入应用到日常工作中。对于需要学习和掌握Sklearn基础知识的读者，请参考潘风文编著的《Scikit-learn机器学习详解》一书。

第1章概述性地回顾了机器学习的基本知识，讲述了有监督学习、无监督学习和半监督学习的概念，并对Scikit-learn做了简要的描述。

第2章讲述了Scikit-learn中sklearn.datasets模块的功能，不仅提供了导入随机样本数据集的方法，也提供了提取外部（网络上）数据集的方法以及生成各种算法所需数据的多个方法。

第3章介绍了集成学习。集成学习是一种综合利用多个预测模型的方法，它本身不是一种传统意义上的机器学习模型，而是一种基于弱学习器的算法。本章介绍了自助聚合算法、加速提升算法、投票集成算法以及堆栈泛化等多种集成学习方法。

第4章介绍了模型选择和交叉验证的知识。模型选择的目标是在一个模型集合中寻找泛化能力最大的一个模型，而交叉验证是一种广泛使用的重采样（resampling）技术，可以评估一个预测模型的泛化能力，也是一种有效的确定模型超参数的方法。

第5章介绍了新颖点检测、离群点检测两类方法；离群点检测的算法：椭圆包络线算法、孤立森林算法和局部离群点因子算法。

第6章介绍了机器学习中的管道机制（Pipeline）。管道机制将机器学习的实施看作是一个流水线式的作业流程，根据不同阶段的任务目标，切割成7个不同的环节，每一个环节都由独立的转换器（Transformer）或评估器（Estimator）负责实现。管道机制使开发者对机器学习过程中相互联系和相互依赖的环节进行有效和高效的控制，更加方便地实现其预期结果。

第7章介绍了Scikit-learn中实现的信号分解的各种方法。信号分解（signal decomposition）是分解提取高维数据集中的特征信号，是一个矩阵分解的问题。在Scikit-learn中，提供了主成分分析、字典学习、因子分析等多种信号分解的算法。

第8章重点讲述了训练后模型的保存、使用方法。这些方法包括使用模块pickle序列化，使用模块joblib序列化，以及跨平台、跨语言的互操作方式：通过预测模型标记语言PMML（Predictive Model Markup Language）保存和部署模型。

第9章介绍了为保障Scikit-learn程序顺畅运行，需要对Scikit-learn整体框架的环境变量进行设置的内容。

本书有如下特点：

■ 内容由浅入深，循序渐进

遵循读者对机器学习的认知规律，同时也有助于熟悉机器学习知识的学习者更深入地掌握和应用Scikit-learn框架。

■ 语言通俗易懂，轻松易学

对讲解主题进行通俗化描述，并配以大量的图片和代码，形象化地把讲解内容呈现给读者，轻松易学，有效降低学习的门槛。

■ 讲解主干明确，脉络清晰

本书贯穿机器学习模型中高级应用的主题算法，从集成学习、管道、交叉验证，到异常检测和信号分解，系统地讲解高级应用知识，为读者掌握和发挥Scikit-learn价值提供最大帮助。

■ 案例精挑细选，干货多多

几乎每种算法都给出详细的应用案例。这些案例都是作者开发的，紧扣内容，并提供了很多开发技巧，值得认真阅读。

本书读者对象：

（1）具备一定Scikit-learn基础知识，希望在机器学习领域进阶升级的开发人员;

（2）想要了解和实践Scikit-learn学习包的开发工程师;

（3）从事大数据及人工智能的分析人员;

（4）对大数据和人工智能感兴趣的人员。

本书由潘风文、黄春芳编著。第1章、第2章、第6章、第8章、第9章由潘风文编写；第3章、第4章、第5章、第7章由北京中医药大学生命科学学院黄春芳副教授编写。

本书例子运行的Python版本号是Ver3.8.1及以上。所有实例包都可以通过作者QQ：420165499联系索取并在线咨询答疑，我们将竭诚为您服务。最后，衷心希望本书对您的工作和事业有所裨益。

潘风文　黄春芳

2022年7月

目录

1 机器学习概述

机器学习的任务是“使用数据回答问题（Using data to answer questions）”。

机器学习是当前人工智能理论研究和实际应用中非常活跃的研究领域。机器学习从数据出发，提取出数据包含的特征，抽象出数据隐含的模型，发掘出数据表达的知识，又应用到对数据的分析与预测中。根据所处理问题的性质、处理数据的类型和数量，机器学习可以分为有监督学习（supervised learning）、无监督学习（unsupervised learning）、半监督学习（semi-supervised learning）和强化学习（reinforcement learning）四类。其中有监督学习是基于带有标签属性（目标变量）的训练数据集，以标签数据为预测目标构建模型，使用构建的模型预测新数据；无监督学习则是对没有标签属性的数据集本身进行内在结构分析，例如聚类、主成分分析等；半监督学习是有监督学习和无监督学习的综合；而强化学习不同于其他三类学习，它以“试错”的方式进行学习，通过与环境进行交互获得奖赏，并用之指导下一步的行为，以实现奖赏最大化为目标。

在Scikit-learn中，主要实现了有监督学习、无监督学习和半监督学习中常用的模型。

1.1 有监督学习

回归和分类是有监督学习中的两个分支，属于预测建模技术。它们都是通过历史数据构建一个模型，用于对新数据进行结果预测。两者的重要区别在于：分类是将输入数据映射到离散的标签，而回归是将输入数据映射到连续的实数值。如图1-1和表1-1所示。

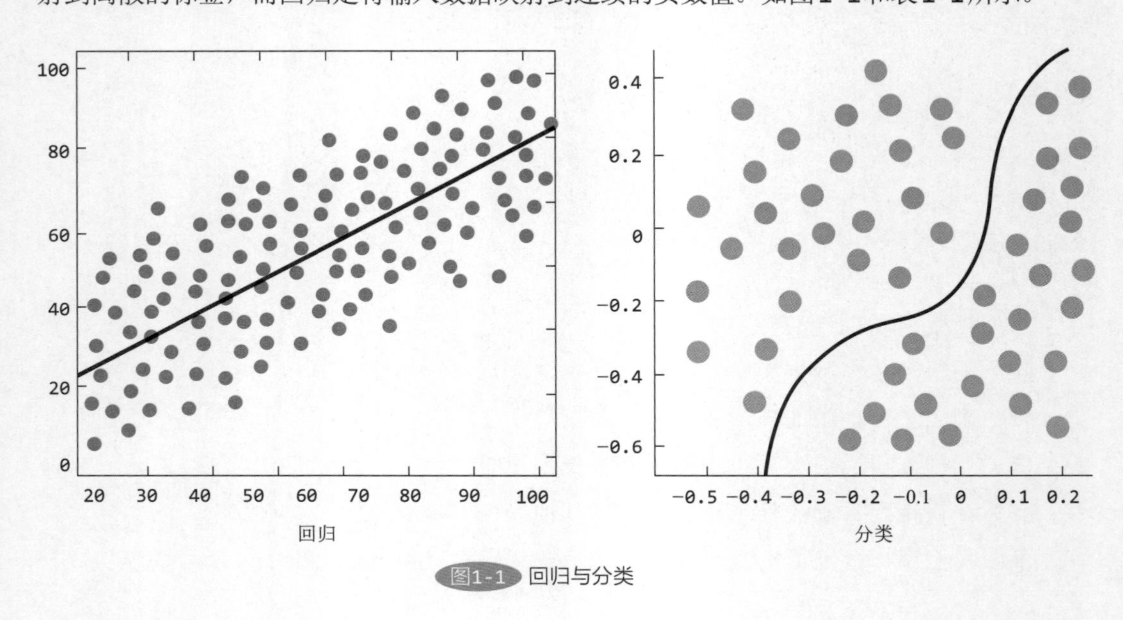

图1-1 回归与分类

表1-1 回归与分类的区别

比较条目 \ 类别	回归	分类
映射类别	输入数据映射为连续值	输入数据映射为离散值（类别）
输出数据	连续数据	离散数据
典型算法	一般线性回归、支持向量回归SVR、回归树（随机森林）等。 可分为线性回归模型和非线性回归模型	支持向量机SVM、决策树、逻辑回归和KNN等； 可分为二分类模型和多分类模型
预测结果	有序	无序或有序
度量方法	均方根误差RMSE等	预测准确率等
算法目标	寻找输出误差最小的最佳拟合线	寻找区隔不同类别的最佳决策边界
应用场景	销售收入预测、企业耗材使用量预测、房价预测等	人脸识别、文档分类、垃圾邮件检测等

1.2 无监督学习

无监督学习的训练数据集是由一组输入向量组成，不包含任何相应的目标值（标签字段）。其目标可以是发现数据集中的相类似的数据组，称为聚类；或者试图确定输入空间内的数据分布，称为密度估计；或者为了可视化目的，通过空间投影技术将高维数据缩小到两维或三维空间等。聚类、关联（规则）分析、生存分析、异常数据判断等都是无监督学习的应用场景。

无监督学习可以与有监督学习形成对比。有监督学习的目标是基于标签化数据（x，y）推断出条件概率分布$p(y \mid x)$或者$y=f(x)$；而无监督学习的目标是推断出数据的先验概率$p(x)$（无需目标变量）。

1.3 半监督学习

半监督学习是有监督学习和无监督学习的结合。

在很多情况下，对数据进行标记（打标）的成本可能非常高，例如判断蛋白质的

3D结构、对Youtube视频的内容进行分类等。所以，在这种情况下，半监督学习就具有很大的实用价值，它可以利用少量的标签数据和大量的无标签数据作为训练数据集对模型进行训练，能够显著地提高机器学习的准确性。

半监督学习可以分为直推学习（transductive learning）和归纳学习（inductive learning）。直推学习的目标是利用训练数据集中少量的标签数据给未标记数据进行标记；而归纳学习的目标则与监督学习的目标一致：推断出从输入数据到目标数据的映射。

1.4 Sklearn概述

Scikit-learn，也称为sklearn（曾用名scikits.learn，scikits-learn），是基于Python编程语言的开源免费的机器学习库，它是一个社区驱动的项目。

Scikit-learn起源于发起人David Cournapeau在2007年参加谷歌编程之夏GSoC（Google Summer of Code）活动的一个项目，同年，Matthieu Brucher也参与了这个项目的开发。从2010年开始，来自法国国家信息与自动化研究所INRIA（Institut national de recherche en informatique et en automatique）的Fabian Pedregosa、Gael Varoquaux、Alexandre Gramfort和Vincent Michel开始共同担任该项目的负责人，并与2010年2月1日首次公开发布。至2021年12月，最新的稳定版本是1.0.1。

Scikit-learn的官方网址：https://scikit-learn.org/。

Scikit-learn的源代码网址：https://github.com/Scikit-learn/Scikit-learn。

Scikit-learn建立在SciPy生态系统之上，其API设计优雅，接口简单易用，非常适合熟悉Python语言的人工智能应用开发者使用。

在解决机器学习问题时，最困难的工作也许是如何选择一个正确的算法，不同的算法适合不同的数据和不同的问题。为此，Scikit-learn给出了一个粗略的寻找合适算法的指南和参考，如图1-2所示。

我们在面对一个机器学习的问题时，可以从“START”开始根据要处理的数据量、问题的类型（分类/回归/降维）选择不同的方向，最后初步确定一个模型。

本书所讲解的关于Scikit-learn的内容具有一定的深度，包括管道机制（Pileline）、集成学习（Ensemble Learning）、模型选择和交叉验证、异常检测等，所以需要读者具有一定的Python语言、Scikit-learn程序包的基础。关于Scikit-

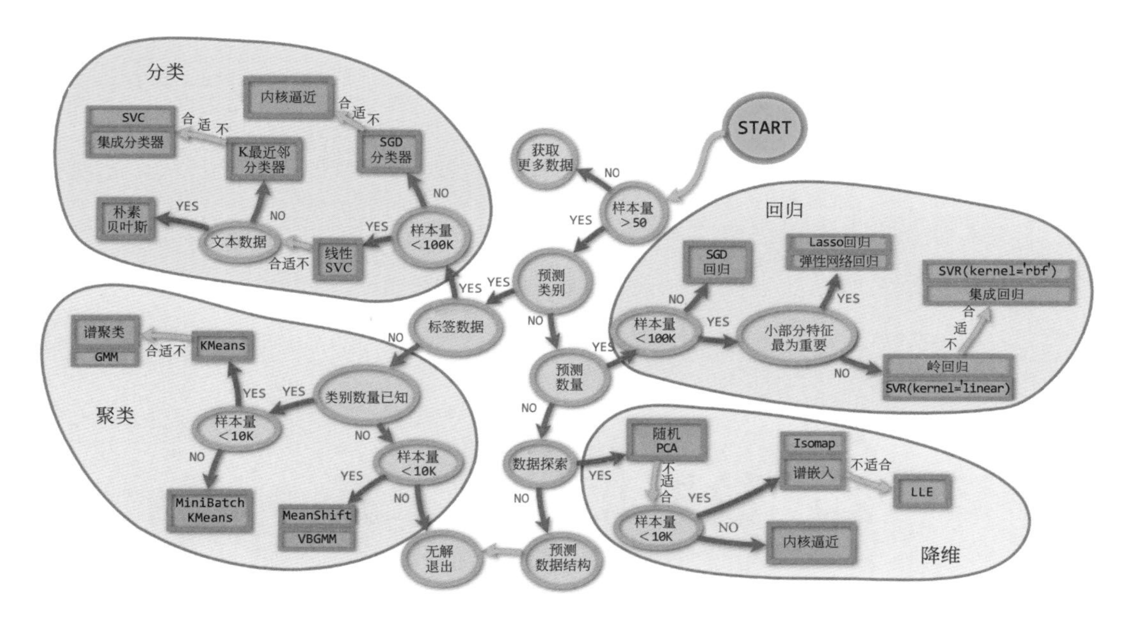

图1-2 Scikit-learn模型选择建议流程图

learn的基础知识，建议读者参考潘风文编著的《Scikit-learn机器学习详解》，或者其他相关资料。

2 数据集导入工具

在Scikit-learn安装后，在“Scikit-learn安装目录\datasets”路径下，安装了多个样本数据集。而模块sklearn.datasets不仅提供了导入这些样本数据集的方法，也提供了提取外部（网络上）数据集的方法。除此之外，这个模块还提供了生成各种算法所需数据的多个方法，这些方法我们将在下面分别进行讲解。由于本章内容不是本书的重点，所以这里不对这些方法进行深入、详细地讲解，只是概述性地说明。

2.1 通用数据集导入API

2.1.1 数据集加载器

这里的数据集加载器特指Scikit-learn随包所带的加载本地规模较小的数据集加载器，相关数据集存放在“Scikit-learn安装目录\datasets\data”路径下，包括波士顿房屋价格数据集、鸢尾花分类数据集等，如表2-1所示。

表2-1 Scikit-learn随包所带的数据集加载器

序号	名称	说明
1	load_boston（*[, return_X_y]）	加载波士顿房屋价格数据集（回归）。数据集包含样本数量506个，特征数量13个，回归目标变量1个
2	load_breast_cancer（*[, return_X_y, …]）	加载威斯康星州乳腺癌检测数据集（分类）。数据集包含样本数量569个，特征数量30个，分类目标变量1个（2个类别）
3	load_diabetes（*[, return_X_y, as_frame]）	加载糖尿病数据集（回归）。数据集包含样本数量442个，特征数量10个，回归目标变量1个
4	load_digits（*[, n_class, …]）	加载手写数字图片数据集（分类）。数据集包含样本数量1797个，特征数量64个，分类目标变量1个（10个类别）
5	load_iris（*[, return_X_y, as_frame]）	加载鸢尾花分类数据集（分类）。数据集包含样本数量150个，特征数量4个，分类目标变量1个（3个类别）
6	load_linnerud（*[, return_X_y, as_frame]）	加载Linnerud体能数据集（多标签回归）。数据集包含样本数量20个，特征数量+目标变量数量3个
7	load_wine（*[, return_X_y, as_frame]）	加载葡萄酒数据集（分类）。数据集包含样本数量178个，特征数量13个，分类目标变量1个（3个类别）

表2-1数据集加载器均返回一个sklearn.utils.Bunch对象。Bunch类型非常类似Python的词典dict，不过它对词典dict进行了扩展，使得不仅可以通过键名称来

访问值，还可以把键名称当作属性来访问值。例如：bunch["key"]和bunch.key的作用相同。

在这些加载器返回的结果中，一般会包含以下部分：

（1）以“data”为键名称，值是形状shape为（n_samples, n_features）的Numpy数组，表示特征向量的样本数据；

（2）以“target”为键名称，值是形状shape为（n_samples,）的Numpy数组，对应着每个样本的目标变量值；

（3）以“feature_names”为键名称的列表对象，包含了数据集合中特征变量的名称；

（4）以“DESCR”为键名称的字符串，包含了对数据集的一般描述。

除了以上部分之外，不同的数据集加载器返回的还有自己特有的组成部分，例如load_digits()还返回“target_names”“images”等部分。

2.1.2 数据集提取器

Scikit-learn提供的数据集提取器可以从网络下载、导入较大的数据集，如表2-2所示。

表2-2 数据集提取器

序号	名称	说明
1	fetch_20newsgroups(*[, data_home, …])	下载或从本地缓存加载新闻文本数据集（用于分类）。这个方法的返回结果可以作为下一个文本处理方法的输入，例如CountVectorizer()、HashingVectorizer、TfidfTransformer或TfidfVectorizer等。 下载网址：http://qwone.com/~jason/20Newsgroups/ 数据集包含样本数量18846个，特征数量1个（原始文本），目标变量1个（20个类别）
2	fetch_20newsgroups_vectorized(*[, …])	下载或从本地缓存加载新闻文本数据集（用于分类）。这个方法的返回结果已经通过CountVectorizer()进行了向量化处理。 下载网址：http://qwone.com/~jason/20Newsgroups/ 数据集包含样本数量18846个，特征数量130107个，目标变量1个（20个类别）
3	fetch_california_housing(*[, …])	下载或从本地缓存加载加州房屋数据集（用于回归）。 下载网址：http://lib.stat.cmu.edu/datasets/ 数据集包含样本数量20640个，特征数量8个，目标变量1个
4	fetch_covtype(*[, data_home, …])	下载或从本地缓存加载森林植被数据集（用于分类）。 下载网址：https://archive.ics.uci.edu/ml/datasets/Covertype 数据集包含样本数量581012个，特征数量54个，目标变量1个（7个类别）

续表

序号	名称	说明
5	fetch_kddcup99(*[, subset, …])	下载或从本地缓存加载网络入侵数据集（用于分类）。来源于1998 DARPA入侵检测系统（IDS）评估数据集，包括SA和SF两个大数据集。 下载网址：https://kdd.ics.uci.edu/databases/kddcup99/kddcup99.html 数据集包含样本数量4898431个，特征数量41个，目标变量1个（23个类别）
6	fetch_lfw_pairs(*[, subset, …])	下载或从本地缓存加载标记后的人脸对数据集（用于分类）。根据给定的两张图片预测两张图片是否为同一个人。 下载网址：http://vis-www.cs.umass.edu/lfw/ 数据集包含样本数量13233个，特征数量5828个，目标变量1个（2个类别）
7	fetch_lfw_people(*[, data_home, …])	下载或从本地缓存加载标记后的人脸数据集（用于分类）。 下载网址：http://vis-www.cs.umass.edu/lfw/ 数据集包含样本数量13233个，特征数量5828个，目标变量1个（5749个类别）
8	fetch_olivetti_faces(*[, …])	下载或从本地缓存加载标记后的Olivetti人脸数据集（用于分类）。 下载网址：https://ndownloader.figshare.com/files/5976027 数据集包含样本数量400个，特征数量4096个，目标变量1个（40个类别）
9	fetch_rcv1(*[, data_home, subset, …])	下载或从本地缓存加载路透社语料库第一卷（RCVⅠ：Reuters Corpus Volume I）（用于分类）。 下载网址：https://jmlr.csail.mit.edu/papers/volume5/lewis04a/ 数据集包含样本数量804414个，特征数量47236个，目标变量1个（103个类别）
10	fetch_species_distributions(*[, data_home, …])	下载或从本地缓存加载物种地理分布数据集（用于分类）。 下载网址：https://ndownloader.figshare.com/files/5976078 数据集包含了一种树懒和一种巢鼠两个物种的地理分布数据，每个物种的样本数3246，特征数量14

在第一次使用这些数据集提取器时，将从相应的网址下载数据，并缓存在本地。这样以后使用提取器时，将会从本地缓存地址直接获取数据。本地缓存目录为：

C：\Users\用户名称\scikit_learn_data（Windows环境）

或者：

~/sklearn_learn_data（Linux环境）

与数据集加载器类似，这些提取器的返回结果也是一个sklearn.utils.Bunch对象。这个Bunch对象至少包含两个部分：一个是以“data”为键名称，值是shape为（n_samples，n_features）的Numpy数组，表示特征向量的样本数据，其中fetch_20newsgroups()和fetch_20newsgroups_vectorized()除外；另一个是以

"target"为键名称，值是shape为（n_samples,）的Numpy数组，表示每个样本对应的目标变量值。

在Scikit-learn中，除了上面介绍的数据集提取器外，还有两个与之有关的方法。这两个方法主要是对本地缓存目录的操作，如表2-3所示。

表2-3 本地数据集缓存目录操作方法

序号	名称	说明
1	clear_data_home([data_home])	清除本地缓存目录中的所有数据集
2	get_data_home([data_home])	返回本地缓存目录的路径

2.1.3 数据集生成器

除了数据集加载器和数据集提取器外，Scikit-learn还提供了生成数据集的方法，即数据集生成器。与数据集加载器和提取器不同的是，数据集生成器不是加载已经就绪的数据集（无论是在本地还是在网络上），而是按照一定的分布规律或规则即时生成不同规模和复杂度的样本数据集。生成的样本数据集包括一个特征向量的样本矩阵和一个或多个对应的目标变量。如表2-4所示。

表2-4 数据集生成器

序号	名称	说明
1	make_biclusters(shape, n_clusters, *)	为双聚类生成具有恒定块对角结构的数组（用于双聚类）
2	make_checkerboard(shape, n_clusters, *)	生成具有棋盘结构的数据集（用于双聚类）
3	make_blobs([n_samples, n_features, …])	生成一个每个类别符合高斯分布的数据集（用于单标签分类）
4	make_classification([n_samples, …])	生成一个有*n*个类别的伴有噪声的分类数据集（用于单标签分类）
5	make_circles([n_samples, shuffle, …])	生成一个二维的大圆（包含一个小圆）的数据集（用于单标签分类）
6	make_moons([n_samples, shuffle, …])	生成两个交错半圆的数据集（用于单标签分类）
7	make_gaussian_quantiles(*[, mean, …])	生成一个各向同性高斯分布并按分位数标记样本的数据集（用于单标签分类）
8	make_hastie_10_2([n_samples, …])	生成一个二分类数据集（用于单标签分类）
9	make_multilabel_classification([…])	生成一个随机多标签分类数据集（用于多标签分类）
10	make_regression([n_samples, …])	生成一个随机线性回归的数据集（用于回归）
11	make_friedman1([n_samples, …])	生成"Friedman #1"回归数据集，用于非线性回归，与多项式和正弦变换有关（用于回归）

续表

序号	名称	说明
12	make_friedman2([n_samples, noise, …])	生成“Friedman #2”回归数据集，用于非线性回归，与特征相乘有关（用于回归）
13	make_friedman3([n_samples, noise, …])	生成“Friedman #3”回归数据集，用于非线性回归，与目标变量上的反正切变换有关（用于回归）
14	make_sparse_uncorrelated([…])	基于不相干设计生成一个随机回归的数据集（用于回归）
15	make_s_curve([n_samples, noise, …])	生成一个S形曲线的数据集（用于流形学习）
16	make_swiss_roll([n_samples, noise, …])	生成一个瑞士卷型的数据集（用于流形学习）
17	make_low_rank_matrix([n_samples, …])	生成一个低秩矩阵的数据集，其中奇异值具有钟形分布的特点（用于信号分解）
18	make_sparse_coded_signal(n_samples, …)	生成一个基于字典元素的稀疏组合的信号数据集（用于信号分解）
19	make_sparse_spd_matrix([dim, …])	生成一个稀疏对称正定矩阵数据集（用于信号分解）
20	make_spd_matrix(n_dim, *[, …])	生成一个对称的正定矩阵数据集（用于信号分解）

2.1.4 文件导入方法

在Scikit-learn中，sklearn.datasets.load_files()支持从一个目录读取所有分类好的文本文件，这个目录下的结构遵循一个子目录对应一个目标变量标签名称的规则。

从指定目录中加载分类数据集，其中目录中的子目录名称表示类别标签名称，而子目录中的文件名称无关紧要，可以重复。方法load_files()说明如表2-5所示。

表2-5 方法load_files( )说明

名称	sklearn.model_selection.load_files	
声明	load_files（container_path, *, description=None, categories=None, load_content=True, shuffle=True, encoding=None, decode_error='strict', random_state=0）	
参数	container_path	必选。一个字符串，表示分类数据文件所在地主目录
	description	可选。一个字符串或None，表示对导入数据集的描述信息，如来源、参考等。默认值为None，表示没有描述信息
	categories	可选。一个字符串列表或None。如果是一个字符串列表，其中的元素代表可导入的子目录。默认值为None，表示导入所有子目录中的数据文件
	load_content	可选。一个布尔变量值，指定是否需要把子目录中文件的内容加载到内存中。如果为True，则将加载文件，且在返回结果中的属性data将包含文件中的原始文本；如果为False，则不加载文件，但返回结果中的属性filenames将包含每个文件的全局路径名称。默认值为True
	shuffle	可选。一个布尔变量值，表示是否需要对导入的数据集进行随机排序（洗牌）。默认值为True

续表

参数	encoding	可选。一个字符串或None，表示处理子目录中文件时使用的解码格式。如果设置为None，则按字节读取处理，适合图形、视频等类型的文件；对于文本等文件，一般情况下可设置为utf-8。默认值为None。注意：如果load_content设置为True，一般需要设置本参数
	decode_error	可选。一个字符串可设置范围为{"strict", "ignore", "replace"}，指定在处理字节序列的文件内容时，如果遇到非encoding指定的字符情况下的处理方式。此参数值将传递给函数bytes.decode。默认值为"strict"
	random_state	可选。可以是一个整型数（随机数种子），一个numpy.random.RandomState对象，或者为None，默认值None。用于设置一个随机数种子。当对数据进行随机排序（洗牌）的随机数，仅当shuffle设置为True时有效。 ✧ 如果是一个整型常数值，表示需要随机数生成时，每次返回的都是一个固定的序列值。 ✧ 如果是一个numpy.random.RandomState对象，则表示每次均为随机采样。 ✧ 如果设置为None，表示由系统随机设置随机数种子，每次也会返回不同的样本序列

返回值	一个sklearn.utils.Bunch对象。可包含以下内容：
	{
	'DESCR'：一个字符串，表示数据集的描述信息。
	'data'：一个字符串列表对象，包含原始文本信息。注意：一个列表元素包含一个文件的原始内容。仅在load_content设置为True时有效。
	'filenames'：一个Numpy数组，包含文件的全路径名称。
	'target'：一个列表对象，包含了类别整数索引式标签（类别编号），对应着每一个数据文件。
	'target_names'：一个列表对象，包含了类别标签名称。
	}	

下面我们以示例的方式说明load_files()的使用。在这个例子中，使用的目录结构如图2-1所示。

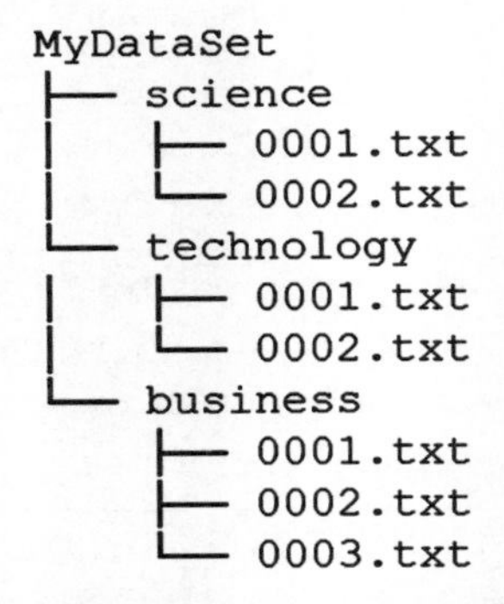

图2-1 方法load_files()示例所用目录结构

代码运行后，目录“MyDataSet”下的三个子目录：“science”“technology”和“business”将成为目标变量的标签名称。注：“MyDataSet”是另外一个目录“data”的子目录。本例中，子目录中的每一个示例文件相当于一个样本，每一个示例文件均以utf-8编码存储。请看代码（load_files.py）：

```
1.
2.      from sklearn.datasets import load_files
3.
4.      data = load_files('E: \\data\\MyDataSet', load_content=True, encoding
        ="utf-8", description="我的示例数据集......")
5.
6.      print("***数据集描述(DESCR): \n", data.DESCR)
7.      print("***数据内容(data): \n",data.data)
8.      #print("***类别名称(target_names): \n", data.target_names)
9.
10.     # 每个文件名称
11.     print("\n文件名称(filenames): \n", data.filenames)
12.
13.     # 每个文件内容对应的标签(整数索引, 从0开始)
14.     print("target: 每个文件对应的标签(整数索引, 从0开始)\n", data.
        target)
15.
16.     # 获取每个文件内容对应的标签名称
17.     labelNames = []
18.     for filename in data.filenames :
19.       listParts = filename.split("\\")
20.       labelNames.append(listParts[-2])
21.
22.     print("label: 每个文件内容对应的标签名称: \n",labelNames)
23.
24.     # 创建标签整数所以和标签名称对应的关系
25.     print("\n标签索引与标签名称的对应关系: ")
26.     labels0 = dict(); labels = dict()
27.     for i in range(0,len(data.target)) :
28.       labels0[data.target[i]] = labelNames[i]
29.
30.     for key in sorted(labels0):
31.         labels[key] = labels0[key]
32.     print(labels)
33.
34.     ## 进一步对文件内容进行处理, 比如划分为训练和测试数据集
35.     #n_samples_total = data.filenames.shape[0]
36.
37.     #docs_train = [open(f).read()
38.     #              for f in data.filenames[: n_samples_total/2]]
39.     #docs_test = [open(f).read()
40.     #             for f in data.filenames[n_samples_total/2: ]]
```

```
41.
42.     #y_train = data.target[: n_samples_total/2]
43.     #y_test = data.target[n_samples_total/2: ]
44.
45.     # 下一步构造分析器......
46.
```

运行后，输出结果如下：

```
1.    ***数据集描述(DESCR):
2.     我的示例数据集......
3.    ***数据内容(data):
4.     ['\ufeff轨道交通、航天技术', '\ufeff硅谷、光谷都是科技之谷', '\ufeff现金流量是一个企业的血液', '\ufefflinux windows ubuntu\r\n达梦、人大金仓等都是国产数据库', '\ufeff资产负债表 企业管理\r\nEMBA MBA 会计', '\ufeff现在的技术日益多元化', '\ufeffASML的EUV技术是独一无二的\r\n技术是生产力']
5.
6.    文件名称(filenames):
7.     ['E: \\data\\MyDataSet\\technology\\0003.txt'
8.     'E: \\data\\MyDataSet\\science\\0001.txt'
9.     'E: \\data\\MyDataSet\\business\\0002.txt'
10.    'E: \\data\\MyDataSet\\science\\0002.txt'
11.    'E: \\data\\MyDataSet\\business\\0001.txt'
12.    'E: \\data\\MyDataSet\\technology\\0002.txt'
13.    'E: \\data\\MyDataSet\\technology\\0001.txt']
14.   target: 每个文件内容对应的标签(整数索引，从0开始)
15.    [2 1 0 1 0 2 2]
16.   label: 每个文件内容对应的标签名称:
17.    ['technology', 'science', 'business', 'science', 'business', 'technology', 'technology']
18.
19.   标签索引与标签名称的对应关系:
20.   {0: 'business', 1: 'science', 2: 'technology'}
```

2.2 专用数据集导入API

在Scikit-learn中，除了上面介绍的通用数据集导入API外，还有一些特殊的数据集导入工具，包括图形数据加载、从www.openml.org网站下载等工具。

2.2.1 加载样本图像数据集

在Scikit-learn安装后，同时安装了两个样本图像文件，分别是：

（1）Scikit-learn安装目录\datasets\images\china.jpg

（2）Scikit-learn安装目录\datasets\images\flower.jpg

这两个样本图像的使用需要遵循创作共用许可证（Creative Commons license）协议。加载这两个样本图像数据的方法如表2-6所示。

表2-6 加载样本图像数据的方法

序号	方法名称	说明
1	load_sample_image()	读取系统默认的两个图片，并把内容转换为Numpy数组
2	load_sample_images(image_name)	根据图像名称读取图像内容，并转换为Numpy数组

注：图像数据的默认编码是uint8。

2.2.2 加载svmlight/libsvm格式数据集

模块svmlight和libsvm也是两个常用的开源包，它们都实现了支持向量机SVM模型。

模块svmlight是一个使用C语言实现支持向量机SVM的开源包，提供了Python的接口。其官方网站：https://www.cs.cornell.edu/people/tj/svm_light/。

模块libsvm是一个使用C/C++语言实现支持向量机SVM的开源包，同样提供了Python的接口。其官方网站：https://www.csie.ntu.edu.tw/~cjlin/libsvm/。

这两个开源包所需的输入数据集格式有自己特定的要求。数据集中样本的格式如下：

```
1.  <类别> <特征编号1>:<特征值> <特征编号2>:<特征值> <特征编号3>:<特征值> ……
2.  <类别> <特征编号1>:<特征值> <特征编号2>:<特征值> <特征编号3>:<特征值> ……
3.
```

其中，特征编号一般是连续的整数，且按升序排列（从左到右）。

在Scikit-learn中，模块sklearn.datasets提供了几个读取svmlight/libsvm数据集格式文件的方法。如表2-7所示。

表2-7 读取svmlight/libsvm数据集格式文件的方法

序号	方法名称	说明
1	dump_svmlight_file(X, y, f, *[, …])	按照svmlight/libsvm的数据格式导出数据到指定的文件
2	load_svmlight_file(X, y, f, *[, …])	以svmlight/libsvm的格式导入指定文件的内容，并转化为CSR稀疏矩阵
3	load_svmlight_files(files, *[, …])	以svmlight/libsvm的格式从多个指定文件中读取数据

2.2.3 从openml.org下载数据集

网站openml.org是一个公开的、协作式的存放机器学习所需数据的数据池和试验平台，存储了大量的数据集，并提供了不同语言的下载API接口，包括Python、R、Java、C#等。网址如下：

https://www.openml.org/

Scikit-learn专门提供了一个获取平台上数据的方法fetch_openml()，按照数据集的名称或ID从openml网站上下载数据集，其形式如下：

fetch_openml([name, version, …])

2.3 加载外部数据集

Scikit-learn可以使用以Numpy数组或Scipy稀疏矩阵形式存储的数值数据集。所以，其他任何可以转化为Numpy数值数组的数据格式，例如Pandas的数据框（DataFrame），都是可以接收的。

我们知道，数据格式有多种多样，例如数据库表、CSV（逗号分隔符文件）、图像等。对于这些格式不同的数据文件，众多的Python开源包提供了丰富的读取工具。

2.3.1 列表式数据读取

对于外部标准的列表式数值数据集，在导入到Scikit-learn中使用时，可考虑以下方法：

（1）使用Pandas的io子模块。Pandas的io子模块（pandas.io）提供了读取CSV、Excel、JSON和SQL语句返回结果的工具。通过读取这些数据，通过Pandas提供的便捷工具，把数据转化为Scikit-learn可以使用的格式。

（2）使用Scipy的io子模块。Scipy的io子模块（scipy.io）特别提供了读取二进制格式文件的功能，可读取.mat文件、.arff文件等，其中.mat文件是Matlab存储数据的标准格式，.arff文件是Weka（一款免费的、基于JAVA的开源机器学习软件）使用的数据文件。

（3）使用Numpy提供的方法。Numpy提供了多种格式文件的读取方法，例如load()、save()等可读取NPY、NPZ文件，loadtxt()、genfromtxt()等可读取文本文，fromfile()可读取一般二进制文件等。

2.3.2 多媒体文件读取

对于图像、视频和音频等文件的读取，可以采用以下方法。

（1）使用包skimage的子模块io，或者包Imageio读取图像、视频文件。开源包skimage提供了io、data、filters等众多操作多媒体文件的子模块，其中子模块io提供了读取、保存和显示视频和图像的接口。另一个开源包Imageio也提供了读取图像、视频文件并将其内容转化为Numpy数组的功能。

（2）使用Scipy提供的方法scipy.io.wavfile.read读取音频文件，并把其内容转化为Numpy数组。

最后需要说明的一点是：数据存储的格式众多，而面向这些数据进行处理的开源Python包也非常丰富。在具体开发中，我们几乎总能找到对应的方法。例如在处理HDF5格式的文件时，可以使用H5Py开源包等。

3 集成学习

集成学习（ensemble learning）可综合利用多个预测模型，它本身不是一种传统意义上的机器学习模型，而是一种基于弱学习器（weak learners）的算法。那什么是弱学习器呢？

在机器学习领域，如果一个模型的预测结果比随机猜测稍微好一些，则称之为弱学习器，也称为基础模型（base model）。例如，一个单层决策树分类模型的分类准确率在60%左右，我们可以称之为一个弱学习器（弱分类器）；与之相应，如果一个模型的准确率很高（如大于85%），则称为强学习器（strong learners）。例如，一个深度为12的决策树分类模型的准确率大于95%，则为一个强学习器（强分类器）。通常训练一个强学习器所需的资源（无论是数据集大小还是计算资源等）要远远大于弱学习器。所以，如何充分利用多个弱学习器，达到强学习器的性能，就是集成学习所要解决的问题。

在集成学习算法中，首先需要训练多个解决同一问题的弱学习器（通常使用相同的算法，例如均为决策树分类器DecisionTreeClassifier，即同质学习器）；其次，针对一个新数据，按照某种规则（如少数服从多数）把它们的预测结果结合起来，以获得比单个学习器更好的结果，从而得到一种效果更精确、泛化更强壮的模型，称之为集成模型（ensemble model），实现“团结就是力量”的高级目标。

在继续讲解集成学习之前，首先了解一下自助抽样（bootstrap sampling）。

3.1 自助抽样（bootstrap）

在统计学中，自助抽样法（bootstrap sampling，或者bootstrapping，或者bootstrap）是一种从总体数据集中进行有放回的重复采样（Resampling）的技术，即随机放回抽样（random sampling with replacement），也称为自展法、自举法、自助法、靴带法，特别适合小数据集的样本抽样。在这种重复采样技术中，每个选中的样本都可能被再次选中，并添加到新的训练样本集中。自助法由美国统计学家Bradley Efron于1979年在《Annals of Statistics》上发表，他也因此获得了2018年度国际统计学奖。

一次自助抽样的流程如下：

（1）指定自助抽样的样本集大小；

（2）随机从总体数据集中抽取一个样本，添加到样本集中；

（3）把上一步抽中的样本放回总体数据集中；

（4）当样本集当前大小小于指定样本集大小时，重复（2）、（3）步骤；

（5）获得指定大小的样本集，并进行其他操作。

下面我们举一个例子说明上述流程（示意代码片段bootstrap.py）。

```
1.
2.  # 总体数据集：有 6 个样本
3.    Total = [0.1, 0.2, 0.3, 0.4, 0.5, 0.6]
4.
5.  # 第一步：指定样本集大小：设置为4
6.
7.  # 第二步：随机从总体数据集 Total 中选择一个样本，例如 0.2
8.  # 此时，样本集 sample 为
9.    sample = [0.2]
10.
11. # 第三步：把 0.2 放回总体 Total 中
12.
13. # 第四步：判断当前sample大小是否小于指定大小4：小于，则继续重复以上两个步骤
14. # 第五步：再重复3次！获得样本数据集结果，并进行其他操作，例如计算均值等。
15.   sample = [0.2, 0.1, 0.2, 0.6]
16. # mean = calculate(sample)
17. # model = fit(sample)
18.
19. ###  可以看出，总体数据集Total中的某个样本出现在样本数据集中的次数可能是 0、
    1 或多次。
20. ###  其中没有出现在所有样本数据集中(实际工作中，需要抽样多个样本集)的样本，称
    为袋外样本OOB(out of bag samples)
21.   oob = [0.3, 0.4, 0.5]
22.
```

从上面自助抽样的流程以看出：在一次自助抽样过程中，有些样本很可能根本取不到，这部分样本数据称为袋外样本OOB(out of bag samples)。在Scikit-learn中，方法learn.utils.resample()可以实现自助抽样的功能（通过设置参数replace为True）。

在统计领域，自助抽样通过随机有放回抽样可以用来估计总体统计量，例如总体均值、标准差等；在机器学习领域，自助抽样可以提高模型的预测性能，并提供了模型预测置信区间的能力，而这是交叉验证方法所不具备的能力。

注：bootstrap的原意是拔靴带，指皮鞋外边帮助人们顺利穿上皮鞋的带子。有“自力更生”的意思。

在Scikit-learn中，实现了多种集成学习的算法，其中自助聚合算法bagging和加速提升算法boosting是集成学习领域的基本算法。下面我们分别讲述。

3.2 自助聚合算法（bagging）

自助聚合法的英文名称Bagging是Bootstrap aggregating的缩写，意思是在

自助抽样的基础上进行的预测聚合。它其实是一种通过多个模型的结合降低泛化误差的技术，其主要思想是分别训练几个不同的模型，然后通过某种聚合方法，如投票表决，充分利用所有模型的结果来提升新数据样本的预测结果。

在实际应用自助聚合算法时，根据自助抽样应用的方式分为以下几种：

（1）采用有放回随机抽样方式获取弱学习器的训练数据集，此种方式为标准Bagging算法，也是最为常用的自助聚合算法；

（2）采用无放回随机抽样方式获取弱学习器的训练数据集，此种方式是Bagging的一种变体，称为Pasting（拼贴）方式；

（3）弱学习器训练数据集包含的不是随机抽取的样本，而是从所有特征（特征空间）中随机抽取的样本特征，这也是一种Bagging的变体，称为Random Subspaces（随机样本子空间）方式；

（4）弱学习器训练数据集不仅包含了标准Bagging方式的样本子集，也包含Random Subspaces的样本特征，相当于同时对行和列进行了随机抽样操作，这也是Bagging的一种变体，称为Random Patches（随机组块）方式。

其中袋外样本OOB通常用来做测试数据使用。

Bagging算法的优点是，在提高预测模型的准确率、稳定性的同时，能够通过降低预测的方差（注意不是偏差），避免过拟合现象的发生；同时由于每个弱学习器之间的训练没有依赖关系，各个学习器可以并行构建，所以适合并行运算。其缺点是增加了计算量和内存成本。

3.2.1 标准自助聚合算法（Bagging）

在一个标准的Bagging算法中，一个典型的学习过程如下：

（1）对总样本数据集D进行N次自助抽样，生成N个包含m个样本的训练数据集D_1、D_2、…、D_N；

（2）基于生成的N个训练数据集训练N个弱学习器；

（3）使用某种策略得到一个强学习器，对新数据进行预测。通常情况下，对于回归问题的策略是用所有弱学习器预测结果的平均值作为新数据的预测值；对于分类问题使用投票法，即少数服从多数的方法来得到新数据的最终预测类别。

Bagging算法的原理如图3-1所示。图中最上层的X为待预测的新数据，L_1、L_2等代表不同的弱学习器，L^*则是集成模型。

在Scikit-learn中，实现分类Bagging的是BaggingClassifier()，实现回归Bagging的是BaggingRegressor()。它们实际上是集成学习的元评估器（meta-estimator，即以其他评估器为参数的评估器），所以具有一般评估器的属性和方法。

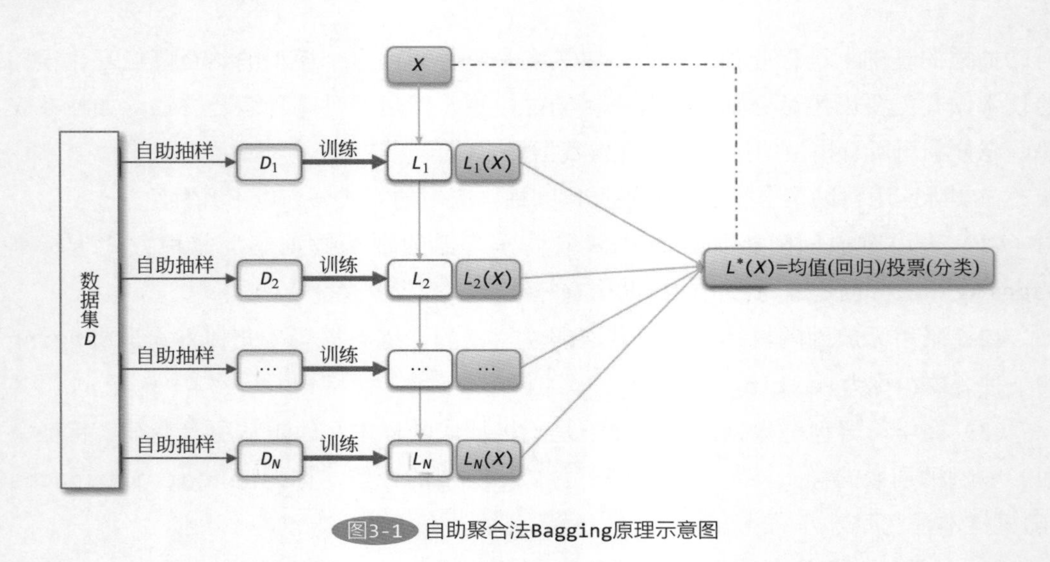

图3-1 自助聚合法Bagging原理示意图

这里我们简要介绍一下评估器BaggingClassifier，如表3-1所示。

表3-1 自助聚合分类算法BaggingClassifier()

名称	sklearn.ensemble.BaggingClassifier	
声明	BaggingClassifier（base_estimator=None, n_estimators=10, *, max_samples=1.0, max_features=1.0, bootstrap=True, bootstrap_features=False, oob_score=False, warm_start=False, n_jobs=None, random_state=None, verbose=0）	
参数	base_estimator	可选。一个评估器对象，表示基于训练数据子集进行训练的弱学习器。如果设置为None，表示使用决策树分类器sklearn.tree.DecisionTreeClassifier()对象作为弱学习器。 默认值为None
	n_estimators	可选。一个正整数，表示用于集成学习的弱学习器的个数。 默认值为10
	max_samples	可选。一个正整数或一个浮点数，表示抽取的训练数据子集中包含的样本个数。 （1）如果是一个正整数n，表示训练数据子集包含n个样本； （2）如果是一个浮点数，表示训练数据子集包含总数据集中百分比。 默认值为1.0，表示每个训练数据子集包含了N（总数据集的样本个数）个样本。注意：考虑到有放回抽样中的样本重复性，此种情况下，训练子集的样本数据不一定与总数据集完全一样

续表

参数	max_features	可选。一个正整数或一个浮点数，表示抽取的训练数据子集中包含的特征个数。 （1）如果是一个正整数n，表示训练数据子集包含n个特征； （2）如果是一个浮点数，表示训练数据子集包含所有特征个数的百分比。 默认值为1.0，表示每个训练数据子集包含了M（总数据集的特征个数）个特征。注意：考虑到有放回抽样中的特征重复性，此种情况下，训练子集包含的特征不一定与总数据集的特征完全一样
	bootstrap	可选。一个布尔变量值，指定是否采用有放回采样。如果为False，表示采取无放回自助采样。 默认值为True
	bootstrap_features	可选。一个布尔变量值，指定对特征进行自助采样时是否采用有放回采样。 默认值为True
	oob_score	可选。一个布尔变量值，指定是否需要使用袋外数据集评估泛化误差。注意：仅在bootstrap为True时有效。 默认值为False
	warm_start	可选。一个布尔变量，指定是否重用前一次调用拟合的部分结果。 默认值为False
	n_jobs	可选。一个整数值或None，表示计算过程中所使用的最大并行计算任务数（可以理解为线程数量）。其中： 当n_jobs>1时，表示最大并行任务数量； 当n_jobs=1时，表示使用1个计算任务进行计算（即不使用并行计算机制，这在调试状态下非常有用），除非joblib.parallel_backend指定了并行运算机制； 当n_jobs=-1时，表示使用所有可以利用的处理器（CPU）进行并行计算； 当n_jobs<-1时，表示使用n_jobs+1个处理器（CPU）进行并行处理。例如n_jobs=-2表示使用处理器数减1个处理器进行并行计算，n_jobs=-3表示使用处理器数减2个处理器进行并行计算，依次类推。 默认值为None，相当于n_jobs=1。 注：Scikit-learn使用joblib包实现代码的并行计算
	random_state	可选。可以是一个整型数（随机数种子），一个numpy.random.RandomState对象，或者为None，默认值为None。设置一个随机数种子，用于随机重采样时使用。 ✧ 如果是一个整型常数值，表示需要随机数生成时，每次返回的都是一个固定的序列值； ✧ 如果是一个numpy.random.RandomState对象，则表示每次均为随机采样； ✧ 如果设置为None，表示由系统随机设置随机数种子，每次也会返回不同的样本序列

续表

<table>
<tr><td>参数</td><td>verbose</td><td colspan="2">可选。一个整数值，用来设置输出结果的详细程度。默认为0，表示不输出运行过程中的各种信息</td></tr>
<tr><td rowspan="11">BaggingClassifier的属性</td><td>base_estimator_</td><td colspan="2">构建集成学习所使用的弱学习器（基础评估器）类</td></tr>
<tr><td>n_features_in_</td><td colspan="2">一般整型数，表示构建模型时使用的特征数量，即调用fit()函数时，训练样本中所包含的特征数量</td></tr>
<tr><td>feature_names_in_</td><td colspan="2">一个形状shape为(n_features_in_,)的数组，表示调用fit()函数时，样本特征的名称。
注：只有原始总数据集中的特征有名称时才有效</td></tr>
<tr><td>estimators_</td><td colspan="2">训练后的弱学习器对象列表</td></tr>
<tr><td>estimators_samples_</td><td colspan="2">对应每个弱学习器抽取的样本子集列表，包含了每个样本的索引</td></tr>
<tr><td>estimators_features_</td><td colspan="2">对应每个弱学习器抽取的特征子集列表，包含了每个特征的索引</td></tr>
<tr><td>classes_</td><td colspan="2">目标变量的类别标签列表</td></tr>
<tr><td>n_classes_</td><td colspan="2">目标变量的类别个数。对于单目标问题，为一个正整数；对于多目标问题，为一个列表对象</td></tr>
<tr><td>oob_score_</td><td colspan="2">一个浮点数，表示使用袋外数据OOB作为训练子集时获得的评估器所计算的分数值，即调用score()函数的返回值。
注：仅在参数oob_score设置为True时有效</td></tr>
<tr><td>oob_decision_function_</td><td colspan="2">形状shape为(n_samples, n_classes)的列表对象。表示使用袋外数据OOB作为训练子集时获得的评估器所计算的决策函数值［调用decision_function()函数的返回值］。如果袋外子集为空，则此属性值为NaN。
注：仅在参数oob_score设置为True时有效</td></tr>
<tr><td colspan="3" style="display:none"></td></tr>
<tr><td rowspan="2">BaggingClassifier的方法</td><td rowspan="2">decision_function(X)：所有弱学习器的决策函数返回值的平均值</td><td>X</td><td>形状shape为(n_samples, n_features)的数组对象或者稀疏矩阵，代表输入的训练样本集。
注：只有在基础模型支持稀疏矩阵时，才能接收稀疏矩阵式的样本训练集</td></tr>
<tr><td>返回值</td><td>形状shape为(n_samples, k)的数组对象，包含了输入样本的决策函数值。其中列对应着排序（升序）后的目标变量标签名称，与属性classes_值相同。
注：对于回归或者二分类，k=1；否则k=n_classes（目标变量的类别数量）</td></tr>
</table>

续表

BaggingClassifier的方法	fit(X, y, sample_weight=None)：根据数据集构建Bagging集成模型	X	必选。类数组对象或稀疏矩阵类型对象，其形状shape为(n_samples,n_features)，表示训练数据集，其中n_samples为样本数量，n_features为特征变量数量。 注：只有在基础模型支持稀疏矩阵时，才能接收稀疏矩阵式的样本训练集
		y	必选。形状shape为(n_samples,)的类数组对象，表示目标变量数据集。对于分类为类标签值，对于回归，为实数值
		sample_weight	可选。形状shape为(n_samples,)的数组对象，表示每个样本的权重；也可以为一个浮点数，表示每个样本的权重均为指定的浮点数值。默认值为None，即每个样本的权重一样（为1）
		返回值	训练后的Bagging评估器
	get_params(deep=True)：获取评估器（集成模型）的各种参数	deep	可选。布尔型变量，默认值为True。如果为True，表示不仅包含此评估器自身的参数值，还将返回包含的子对象（也是评估器）的参数值
		返回值	字典对象。包含（参数名称：值）的键值对
	predict(X)：预测输入样本数据的类别。一个输入样本的预测类别是具有概率均值最大的类别(predict_proba)；如果一个弱学习器没有实现方法predict_proba()，则根据投票方式确定预测类别	X	必选。类数组对象或稀疏矩阵类型对象，其形状shape为(n_samples,n_features)，表示输入训练数据集。 注：只有在基础模型支持稀疏矩阵时，才能接收稀疏矩阵式的样本训练集
		返回值	形状shape为(n_samples,)的数组对象，表示预测值
	predict_log_proba(X)：输出每个样本每个类别标签的对数概率。一个输入样本的类别标签的对数概率是所有弱学习器预测值的均值	X	必选。形状shape为(n_samples,n_features)的矩阵，表示输入数据集
		返回值	形状shape为(n_samples, n_classes)的数组，表示每个样本的每个类别对应的对数概率值。其中类别值的顺序由属性classes_指定

续表

BaggingClassifier的方法	predict_proba(X)：输出每个样本每个类别的概率。一个输入样本的类别标签的概率是所有弱学习器预测值的均值。如果弱学习器没有实现方法predict_proba()，则使用投票规则	X	必选。形状shape为(n_samples,n_features)的矩阵，表示输入数据集
		返回值	形状shape为(n_samples, n_classes)的数组，表示每个样本的每个类别对应的概率值。其中类别值的顺序由属性classes_指定
	score(X, y, sample_weight=None)：基于给定的测试数据集计算平均准确率	X	必选。类数组对象或稀疏矩阵类型对象，其形状shape为(n_samples,n_features)，表示训练数据集，其中n_samples为样本数量，n_features为特征变量数量
		y	必选。类数组对象或稀疏矩阵类型对象，其形状shape为(n_samples,)，或者(n_samples, n_outputs)，表示目标变量数据集。其中n_outputs为目标变量个数。 注：必要时，此参数类型可以转换训练数据集X的数据类型
		sample_weight	可选。形状shape为(n_samples,)的数组对象，表示每个样本的权重；也可以为一个浮点数，表示每个样本的权重均为指定的浮点数值。默认值为None，即每个样本的权重一样（为1）
		返回值	一个浮点数，表示所有弱学习器的方法predict()返回值的均值
	set_params(** params)：设置评估器的各种参数	params	一个字典对象，包含了评估器的各种参数
		返回值	评估器自身

下面我们以例子说明自助聚合算法BaggingClassifier的使用。在下面的例子中，我们首先自定义了一个创建分类数据集的函数getClassficationData()，使用此数据构建多个不同类型的基础模型，然后对比、检查不同模型的预测准确率。请看代码（BaggingClassifier.py）：

```
1.
2.  import pandas as pd
3.  import numpy as np
4.  from sklearn.preprocessing import LabelEncoder
5.  from sklearn.metrics import confusion_matrix
6.  from sklearn.model_selection import train_test_split
7.  from sklearn.ensemble import BaggingClassifier
8.  from sklearn.tree import DecisionTreeClassifier
9.  from sklearn.naive_bayes import GaussianNB, BernoulliNB
10. from sklearn.linear_model import LogisticRegression
```

```
11.
12.
13. # 自定义创建分类数据集(数据框表示)
14. # 参数 N 表示生成样本数量
15. def getClassficationData( N ):
16.   columns = ['x1', 'x2', 'x3', 'y']
17.   df = pd.DataFrame(columns=columns)
18.   for i in range(N):
19.     x1 = np.random.randint(10)
20.     x2 = np.random.randint(20)
21.     x3 = np.random.randint(30)
22.
23.     y = "normal"
24.     if( (x1+x2+x3)>30 ):
25.       y ="high"
26.     elif( (x1+x2+x3)<15 ):
27.       y = "low"
28.
29.     # 添加到数据框(以序号作为行索引)
30.     df.loc[i]= [x1, x2, x3, y]
31.   return df
32. # end of getClassficationData() ....
33.
34.
35. # 调用函数，生成分类数据集(100个样本)
36. df = getClassficationData(300)
37. X = df[ ['x1','x2','x3'] ]
38. Y = df[ ['y'] ]
39.
40. # 现在目标变量 y 是分类型变量，需对其进行数字化编码(LabelEncoder())
41. le = LabelEncoder()
42. y  = le.fit_transform( np.ravel(Y) )
43.
44. X_train, X_test, y_train, y_test = train_test_split(X, y, random_
    state=0)
45.
46. # 使用自助聚合法
47. dtc = DecisionTreeClassifier(criterion="entropy")
48. bag_model = BaggingClassifier(base_estimator=dtc, n_estimators=100, bootstrap
    =True)
49. bag_model = bag_model.fit(X_train, y_train)
50.
51. # 预测新数据，并检查预测的准确率
52. y_test_pred = bag_model.predict(X_test)
53. score = bag_model.score(  X_test, y_test)
54. print( "决策树集成学习模型(DecisionTreeClassifier(criterion='entropy')" )
55. print( "模型评分：", score )
56. matrix = confusion_matrix( y_test, y_test_pred)
```

```
57. print( "混淆矩阵：\n", matrix )
58. print( "*"*37 )
59.
60. # 比较多个不同的基础评估器(弱学习器)，检查准确率
61. lr  = LogisticRegression();
62. bnb = BernoulliNB()
63. gnb = GaussianNB()
64.
65. base_methods=[lr, bnb, gnb, dtc]
66. for bm  in base_methods:
67.   print("基础模型：  ", bm)
68.    bag_model  =  BaggingClassifier(base_estimator=bm,n_
    estimators=100,bootstrap=True)
69.   bag_model = bag_model.fit(X_train,y_train)
70.   y_test_pred = bag_model.predict(X_test)
71.
72.   score = bag_model.score(  X_test, y_test)
73.   print( "模型评分：", score )
74.
75.   matrix = confusion_matrix( y_test, y_test_pred)
76.   print( "混淆矩阵：\n", matrix )
77.   print( "-"*37 )
78. # end of for ...
79.
```

上述代码运行后，输出结果如下：

```
1.  决策树集成学习模型(DecisionTreeClassifier(criterion='entropy')
2.  模型评分： 0.9066666666666666
3.  混淆矩阵：
4.   [[28  0  0]
5.   [ 0  6  3]
6.   [ 4  0 34]]
7.  *************************************
8.  基础模型：   LogisticRegression()
9.  模型评分： 0.9866666666666667
10. 混淆矩阵：
11.  [[28  0  0]
12.  [ 0  8  1]
13.  [ 0  0 38]]
14. -------------------------------------
15. 基础模型：   BernoulliNB()
16. 模型评分： 0.4266666666666667
17. 混淆矩阵：
18.  [[26  1  1]
19.  [ 6  3  0]
20.  [34  1  3]]
21. -------------------------------------
```

```
22. 基础模型： GaussianNB()
23. 模型评分： 0.8666666666666667
24. 混淆矩阵：
25.  [[26  0  2]
26.  [ 0  5  4]
27.  [ 3  1 34]]
28. -----------------------------------
29. 基础模型： DecisionTreeClassifier(criterion='entropy')
30. 模型评分： 0.8933333333333333
31. 混淆矩阵：
32.  [[28  0  0]
33.  [ 0  4  5]
34.  [ 3  0 35]]
35. -----------------------------------
```

从上面的运行结果看，针对此次的分类问题，除了基于伯努利朴素贝叶斯模型的集成学习效果较差外，其他两种模型的结果还是比较好的。

在自助聚合法中，BaggingClassifier是用来处理分类问题的，与之相对的sklearn.ensemble.BaggingRegressor()则是用来解决回归问题的。默认情况下，使用sklearn.tree.DecisionTreeRegressor()对象作为弱学习器。由于BaggingRegressor和BaggingClassifier的构造参数、属性和方法类似，所以这里对此不再赘述。

3.2.2 随机森林（Random Forest）

随机森林算法RF（Random Forest）是对标准Bagging算法的改动，在训练弱学习器时，仍然采用自助抽样的方式随机抽取训练样本。但是与标准Bagging算法相比，有以下两个不同点：

（1）随机森林使用的弱学习器只能是分类回归决策树CART(Classification And Regression Tree)，即sklearn.tree.DecisionTreeClassifier()或sklearn.tree.DecisionTreeRegressor()对象，而标准Bagging算法的弱学习器不限于此；

（2）在对某个节点进行左右子树划分时，不是从所有特征中选择最优特征来进行节点的划分，而是随机选取k个特征，从这k个特征中选择最优特征来划分节点（可降低模型的方差）。

除了以上两点，随机森林算法与标准Bagging算法没有什么区别。而对于随机选取的特征个数k，一般会通过交叉验证获取（交叉验证将会在下一章详述）。不过初始值可通过下面公式取得：

$$k = \sqrt{K} \quad （K为所有特征个数）$$

在Scikit-learn中，实现分类随机森林算法的是sklearn.ensemble.RandomForestClassifier()，实现回归随机森林算法的是sklearn.ensemble.RandomForestRegressor()。由于它们的使用方式与标准Bagging算法类似，所以这里不再详细赘述。

3.2.3 极端随机树（Extremely randomized trees）

极端随机树算法ERT（Extremely randomized trees，也称为极度随机树）使用的弱学习器也只能是分类回归决策树CART，即sklearn.tree.DecisionTreeClassifier()或sklearn.tree.DecisionTreeRegressor()对象。但它是对随机森林算法的一种“极端化”扩展。这种“极端化”体现在以下两点：

（1）在训练每一个弱学习器时，极端随机树算法使用了原始数据集合中的全部样本数据，而不再是通过自助抽样获得的样本子集；

（2）在对某个节点进行左右子树划分时，使用的不再是随机选取的特征子集来划分，而是随机选择一个特征来划分节点。

除了以上两点，极端随机树算法与随机森林算法没有什么区别。

在Scikit-learn中，实现分类极端随机树的是sklearn.ensemble.ExtraTreesClassifier()，实现回归极端随机树的是sklearn.ensemble.ExtraTreesRegressor()。由于与随机森林算法类似，这里不再详细赘述。

3.3 加速提升算法（boosting）

加速提升法boosting，最初称为假设提升法（Hypothesis Boosting），是与自助聚合算法bagging一样，也是一个通用的算法范式，而不是某种具体的模型。它同样需要事先指定某种模型，如回归、浅层决策树等，作为弱学习器，然后再设法提升其预测性能。与自助聚合算法不同的是，其弱学习模型是顺序构建，而不是并行构建的。

目前广泛使用的加速提升法有自适应提升法Adaboost、梯度提升树法GBDT和极端梯度提升法XGBoost等。

3.3.1 自适应提升算法（Adaboost）

自适应提升法Adaboost（Adaptive boosting）是Yoav Freund和Robert E.

Schapire于1996年提出的一种经典的加速提升算法，它基于对数据的加权或过滤的思想训练一组弱学习器，即对前一个弱学习器预测不佳的数据样本，赋以更大的权重来训练新学习器，或者仅仅使用这些预测不佳的数据来训练新学习器。这样每个弱学习器都依赖于前面弱学习器的结果，使得新学习器能够更加关注最难预测的数据，以试图减少模型预测的偏差，最终构建一个更加健壮的集成模型。原理如图3-2所示。

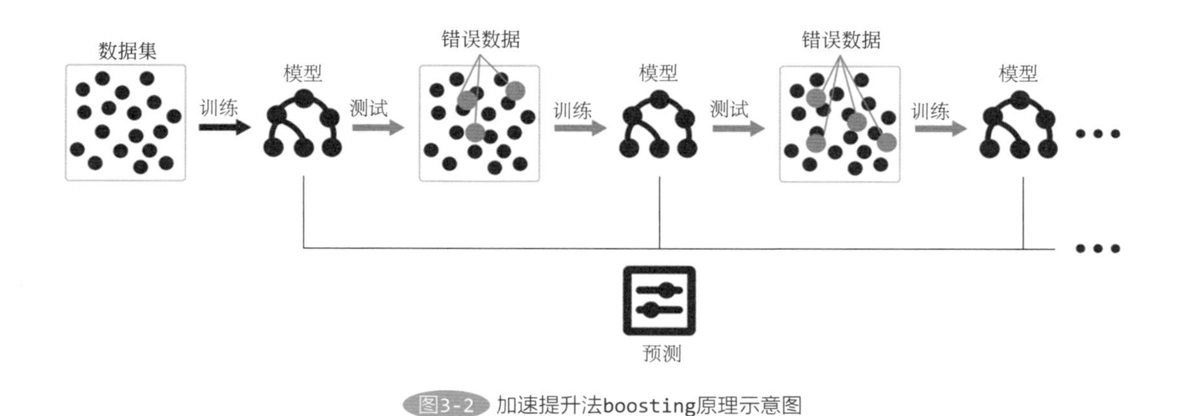

图3-2 加速提升法boosting原理示意图

在图3-2中，自适应提升法Adaboost主要关注两组不同的权重：

（1）弱学习器权重α_m（m=1，2，…，M，M为弱学习器个数），每个弱学习器有一个权重；

（2）数据样本权重$D_{m,i}$，表示第m个学习器对应的第i个数据样本的权重。通常把所有数据样本的初始权重设置为$\frac{1}{N}$，N为样本数量。

构建自适应提升法Adaboost集成模型的过程就是通过不断迭代两组权重，最终使得若干弱学习器组成的强学习器的误差达到最小。下面以二分类问题为例说明自适应提升法的原理（这里不展开）。

给定初始数据集D_1：(x_1，y_1)，……，(x_N，y_N)，其中$y_i \in$（−1，+1），且选择M个决策树为弱学习器。则：

（1）初始化样本权重：所有数据样本的初始权重设置为：$D_{1,i}=\frac{1}{N}$；

（2）分别取m = 1，2，3，…，M，循环执行以下操作：

① 以加权误差ϵ_m为最小为目标，使用数据集D_m训练得到第m个弱分类器L_m；

② 计算L_m的权重系数$\alpha_m=\frac{1}{2}\ln\left(\frac{1-\epsilon_m}{\epsilon_m}\right)$；

③ 更新数据集中数据样本的权重为$D_{m+1,i}$，计算公式如下：

$$D_{m+1,i}=\frac{D_{m,i}\times\exp\left[-\alpha_m y_i L_m(x_i)\right]}{Z_m}$$

其中Z_m为归一化因子（normalization factor）。

④ 归一化后，得到权重调整后的数据集D_{m+1}并进入下一个循环。

（3）最后，构建一个集成的Adaboost模型（对于分类问题，采用投票规则）：

$$L(x)=\text{sign}\left[\sum_{m=1}^{M}\alpha_m L_m(x)\right]$$

在一个加速提升集成模型训练完成后，就可以实现对新数据的预测了。基本流程如下：

（1）把新数据输入到集成模型的每一个弱学习器中，分别独立进行预测；

（2）每个弱学习器的权重系数由集成模型训练时确定；

（3）对新数据的最后预测结果是每个弱学习器预测结果的加权组合。

其预测流程如图3-3所示。

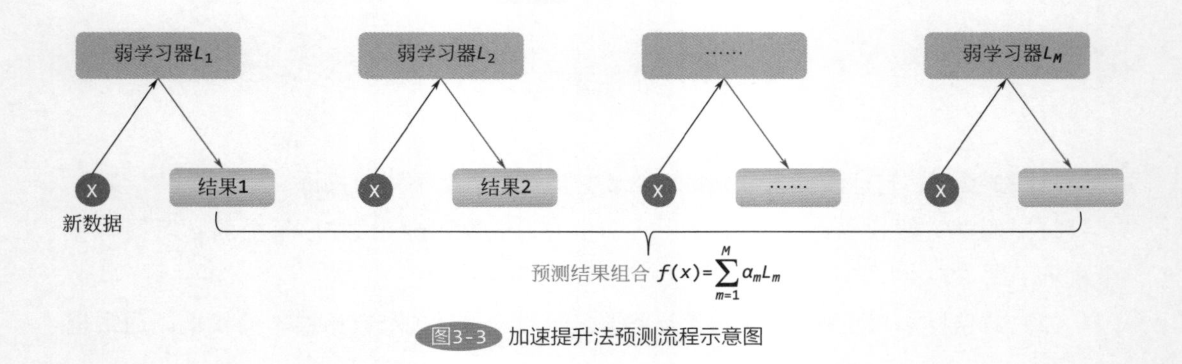

图3-3 加速提升法预测流程示意图

自适应提升法AdaBoost不仅可以用来处理分类问题，也可以解决回归问题。两者的基本原理类似，这里不再赘述。在解决分类问题时，通常使用决策桩（Decision Stump）作为分类的弱学习器。决策桩实际上就是只有一个分裂的决策树，相当于在某一个维度上的感知器模型。

在Scikit-learn中，实现分类AdaBoost的是AdaBoostClassifier()，实现回归AdaBoost的是AdaBoostRegressor()，它们都具有一般评估器的属性和方法。这里我们简要介绍一下评估器AdaBoostClassifier，见表3-2所示。

表3-2 自适应提升算法AdaBoostClassifier()

名称	sklearn.ensemble.AdaBoostClassifier
声明	AdaBoostClassifier(base_estimator=None, *, n_estimators=50, learning_rate=1.0, algorithm='SAMME.R', random_state=None)

续表

参数	base_estimator	可选。一个评估器对象，表示构建集成模型的弱分类器，它必须支持样本加权功能，以及classes_和n_classes_属性。如果设置为None，表示使用决策树分类器sklearn.tree.DecisionTreeClassifier()对象作为弱学习器(其属性max_depth=1)。 默认值为None
	n_estimators	可选。一个正整数，表示用于集成学习的弱学习器的最大个数。理想的学习过程是没有达到n_estimators个数时，迭代即停止。 默认值为50
	learning_rate	可选。一个浮点数，表示“学习效率”，实际上它控制了每个弱分类器对最后集成模型预测性能贡献大小的权重。权重越大，弱分类器的贡献越大。设置时，需要权衡learning_rate和n_estimators两个参数之间的平衡。弱分类器数量越多，越需要一个小的学习效率；反之，弱分类器越少，越需要一个大的学习效率。一般取值范围为0~1，有时采用比较小的数值，如0.1，0.01或者0.001等，用以避免过拟合现象发生的可能性。 默认值为1.0
	algorithm	可选。一个字符串，代表加速提升时使用的算法，取值范围为{“SAMME”，“SAMME.R”}。其中： （1）“SAMME.R”表示使用SAMME.R实数提升算法，此时弱分类器必须支持计算类别概率的功能。 （2）“SAMME”表示使用SAMME离散提升算法。 通常情况下，“SAMME.R”算法要比“SAMME”算法效率更高，且测试误差较小。 默认值为“SAMME.R”
	random_state	可选。可以是一个整型数(随机数种子)，一个numpy.random.RandomState对象，或者为None，设置了一个随机数种子，在base_estimator支持random_state时使用。 ✧ 如果是一个整型常数值，表示需要随机数生成时，每次返回的都是一个固定的序列值； ✧ 如果是一个numpy.random.RandomState对象，则表示每次均为随机采样； ✧ 如果设置为None，表示由系统随机设置随机数种子，每次也会返回不同的样本序列。 默认值为None
AdaBoostClassifier的属性	base_estimator_	构建集成学习所使用的弱分类器
	estimators_	训练后的弱分类器对象列表
	classes_	目标变量的类别标签列表
	n_classes_	目标变量的类别个数。对于单目标问题，为一个正整数；对于多目标问题，为一个列表对象
	estimator_weights_	包含每个弱分类器权重的列表
	estimator_errors_	包含每个弱分类器分类误差的列表

续表

<table>
<tr><td rowspan="3">AdaBoostClassifier的属性</td><td>feature_importances_</td><td colspan="2">形状shape为(n_features,)的列表，包含了每个特征的基于不纯度的重要性，也称为基尼重要性(Gini importance)</td></tr>
<tr><td>n_features_in_</td><td colspan="2">一般整型数，表示构建模型时使用的特征数量，即调用fit()函数时，训练样本中所包含的特征数量</td></tr>
<tr><td>feature_names_in_</td><td colspan="2">一个形状shape为(n_features_in_,)的数组，表示调用fit()函数时，样本特征的名称。
注：只有原始总数据集中的特征有名称时才有效</td></tr>
<tr><td rowspan="8">AdaBoostClassifier的方法</td><td rowspan="2">decision_function(X)：所有弱学习器的决策函数返回值的平均值</td><td>X</td><td>形状shape为(n_samples, n_features)的数组对象或者稀疏矩阵，代表输入的训练样本集。
注：只有在基础模型支持稀疏矩阵时，才能接收稀疏矩阵式的样本训练集</td></tr>
<tr><td>返回值</td><td>形状shape为(n_samples, k)的数组对象，包含了输入样本的决策函数值。其中列对应着排序（升序）后的目标变量标签名称，与属性classes_值相同。
注：对于二分类，k=1；否则k=n_classes（目标变量的类别数量）。对于二分类问题，决策函数值越接近-1，或1，意味着预测值越有可能为n_classes中的第一个，或第二个类别</td></tr>
<tr><td rowspan="4">fit(X, y, sample_weight=None)：根据数据集构建提升集成模型</td><td>X</td><td>必选。类数组对象或稀疏矩阵类型对象，其形状shape为(n_samples,n_features)，表示训练数据集，其中n_samples为样本数量，n_features为特征变量数量。
注：只有在基础模型支持稀疏矩阵时，才能接收稀疏矩阵式的样本训练集</td></tr>
<tr><td>y</td><td>必选。形状shape为(n_samples,)的类数组对象，表示目标变量数据集（类标签值）</td></tr>
<tr><td>sample_weight</td><td>可选。形状shape为(n_samples,)的数组对象，表示每个样本的权重；也可以为一个浮点数，表示每个样本的权重均为指定的浮点数值。默认值为None，即每个样本的权重一样（为1/N，N为样本个数）</td></tr>
<tr><td>返回值</td><td>训练后的提升集成模型</td></tr>
<tr><td rowspan="2">get_params(deep=True)：获取评估器（集成模型）的各种参数</td><td>deep</td><td>可选。布尔型变量，默认值为True。如果为True，表示不仅包含此评估器自身的参数值，还将返回包含的子对象（也是评估器）的参数值</td></tr>
<tr><td>返回值</td><td>字典对象。包含（参数名称：值）的键值对</td></tr>
</table>

续表

AdaBoostClassifier的方法	predict(X)：预测输入样本数据的类别。一个输入样本的预测类别是加权预测类别的均值	X	必选。类数组对象或稀疏矩阵类型对象，其形状shape为(n_samples,n_features)，表示输入训练数据集。 注：只有在基础模型支持稀疏矩阵时，才能接收稀疏矩阵式的样本训练集
		返回值	形状shape为(n_samples,)的数组对象，表示预测值
	predict_log_proba(X)：输出每个样本每个类别标签的对数概率。一个输入样本的类别标签的对数概率是所有弱学习器预测值的加权均值	X	必选。形状shape为(n_samples,n_features)的矩阵，表示输入数据集
		返回值	形状shape为(n_samples, n_classes)的数组，表示每个样本的每个类别对应的对数概率值。其中类别值的顺序由属性classes_指定
	predict_proba(X)：输出每个样本每个类别的概率。一个输入样本的类别标签的概率是所有弱学习器预测值的均值	X	必选。形状shape为(n_samples,n_features)的矩阵，表示输入数据集
		返回值	形状shape为(n_samples, n_classes)的数组，表示每个样本的每个类别对应的概率值。其中类别值的顺序由属性classes_指定
	score(X, y, sample_weight=None)：基于给定的测试数据集计算平均准确率	X	必选。类数组对象或稀疏矩阵类型对象，其形状shape为(n_samples,n_features)，表示训练数据集，其中n_samples为样本数量，n_features为特征变量数量
		y	必选。类数组对象或稀疏矩阵类型对象，其形状shape为(n_samples,)，或者(n_samples, n_outputs)，表示目标变量数据集。其中n_outputs为目标变量个数。 注：必要时，此参数类型可以转换训练数据集X的数据类型
		sample_weight	可选。形状shape为(n_samples,)的数组对象，表示每个样本的权重；也可以为一个浮点数，表示每个样本的权重均为指定的浮点数值。默认值为None，即每个样本的权重一样（为1）
		返回值	一个浮点数，表示所有弱学习器的方法predict()返回值的均值
	set_params(**params)：设置评估器的各种参数	params	一个字典对象，包含了评估器的各种参数
		返回值	评估器自身

续表

<table>
<tr><td rowspan="11">AdaBoostClassifier的方法</td><td rowspan="2">staged_decision_function(X)：计算并返回每次迭代中的决策函数值，实际上这是一个生成器(generator)。这有助于监控迭代过程中的状态，例如获得每次迭代的测试误差等指标</td><td>X</td><td>形状shape为(n_samples, n_features)的数组对象或者稀疏矩阵，代表输入的训练样本集。
注：只有在基础模型支持稀疏矩阵时，才能接收稀疏矩阵式的样本训练集</td></tr>
<tr><td>返回值</td><td>形状shape为(n_samples, k)的数组对象，包含了计算输入样本的决策函数值的生成器。其中列对应着排序（升序）后的目标变量标签名称，与属性classes_值相同。
注：对于二分类，k=1；否则k=n_classes(目标变量的类别数量)。对于二分类问题，决策函数值越接近-1，或1，意味着预测值越有可能为n_classes中的第一个或第二个类别</td></tr>
<tr><td rowspan="2">staged_predict(X)：计算并返回每次迭代中的预测类别值，实际上这是一个生成器(generator)</td><td>X</td><td>必选。类数组对象或稀疏矩阵类型对象，其形状shape为(n_samples,n_features)，表示输入训练数据集。
注：只有在基础模型支持稀疏矩阵时，才能接收稀疏矩阵式的样本训练集</td></tr>
<tr><td>返回值</td><td>形状shape为(n_samples,)的数组对象，包含了计算预测值的生成器，返回预测类别标签</td></tr>
<tr><td rowspan="2">staged_predict_proba(X)：计算并返回每次迭代中每个类别的概率，实际上这是一个生成器(generator)</td><td>X</td><td>必选。形状shape为(n_samples,n_features)的矩阵，表示输入数据集</td></tr>
<tr><td>返回值</td><td>形状shape为(n_samples,)的数组对象，包含了计算预测类别概率的生成器，返回预测类别标签的概率</td></tr>
<tr><td rowspan="4">staged_score(X, y, sample_weight=None)：计算并返回每次迭代过程中的基于给定测试数据集计算的平均准确率，实际上这是一个生成器(generator)</td><td>X</td><td>必选。类数组对象或稀疏矩阵类型对象，其形状shape为(n_samples,n_features)，表示训练数据集，其中n_samples为样本数量，n_features为特征变量数量</td></tr>
<tr><td>y</td><td>必选。类数组对象或稀疏矩阵类型对象，其形状shape为(n_samples,)，或者(n_samples, n_outputs)，表示目标变量数据集。其中n_outputs为目标变量个数。
注：必要时，此参数类型可以转换训练数据集X的数据类型</td></tr>
<tr><td>sample_weight</td><td>可选。形状shape为(n_samples,)的数组对象，表示每个样本的权重；也可以为一个浮点数，表示每个样本的权重均为指定的浮点数值。默认值为None，即每个样本的权重一样（为1）</td></tr>
<tr><td>返回值</td><td>一个浮点数，表示每次迭代过程中的分数</td></tr>
</table>

下面我们以例子说明自适应提升算法AdaBoostClassifier的使用。

我们知道，AdaBoostClassifier有多个超参数（在模型训练之前设置的参数，在第四章中我们将详细描述），例如弱分类器的数量、决策树深度（如果弱分类器为决策树）、学习效率等。在下面的例子中，我们的目标就是探索决策树深度这个超参数对AdaBoostClassifier性能的影响。首先使用方法make_classification()创建分类数据，使用此数据构建具有多个不同深度的弱分类器的集成模型，并分别计算评分值，最后画出评分折线图。

```
1.
2.  import numpy as np
3.  from sklearn.datasets import make_classification
4.  from sklearn.model_selection import train_test_split
5.  from sklearn.ensemble import AdaBoostClassifier
6.  from sklearn.tree import DecisionTreeClassifier
7.  import matplotlib.pyplot as plt
8.  from matplotlib.font_manager import FontProperties
9.
10. #1 生成分类数据
11. X, y = make_classification(n_samples=1000, n_features=20, n_
    informative=15, n_redundant=5, random_state=6)
12. X_train, X_test, y_train, y_test = train_test_split(X, y, test_
    size=0.33, random_state=42)
13.
14. #2 创建一系列列集成模型对象(弱学习器的深度不同)，待评估
15. # 定义一个词典models，存放 弱分类器名称：弱分类器对象
16. models = dict()
17.
18. # 定义10个深度为 1, 2, 3, ..., 10 的决策树分类器(弱分类器)
19. for depth in range(1,11):
20.   # 定义弱分类器对象(基础模型)：决策树分类器
21.   base = DecisionTreeClassifier(max_depth=depth)
22.
23.   # 定义Adaboost集成模型
24.   models[str(depth)] = AdaBoostClassifier(base_estimator=base)
25. # end of for ...
26.
27. #3 构建集成模型，并获得评分
28. print("展示Adaboost算法中，超参数决策树深度对性能的影响。")
29. scores, depths = list(), list()
30. for name, model in models.items():
31.   clf = model.fit(X_train, y_train)
32.   score = clf.score(X_test, y_test)
33.
34.   scores.append(score)
35.   depths.append(name)
```

```
36.
37.    print("深度=%2s, 评分=%.5f" % (name, score))
38. #end of for ...
39.
40. #4 绘制性能曲线
41. fig = plt.figure(figsize=(10,6))    # 设置当前figure的大小。
42. fig.canvas.manager.set_window_title("AdaBoostClassifier集成模型")
    # Matplotlib >= 3.4
43. #fig.canvas.set_window_title("AdaBoostClassifier集成模型")
    # Matplotlib < 3.4
44.
45. font  =  FontProperties(fname="C: \\Windows\\Fonts\\SimHei.ttf")
    # , size=16
46. plt.title("AdaBoostClassifier集成模型(决策树)", fontproperties=font)
47.
48. plt.plot(depths, scores, "o-", color="g")
49. plt.xlabel("深度", fontproperties=font)
50. plt.ylabel("评分", fontproperties=font)
51. plt.show()
52.
```

上述代码运行后，输出结果如下：

```
1.  展示Adaboost算法中，超参数决策树深度对性能的影响。
2.  深度= 1, 评分=0.80000
3.  深度= 2, 评分=0.84545
4.  深度= 3, 评分=0.85758
5.  深度= 4, 评分=0.88485
6.  深度= 5, 评分=0.92727
7.  深度= 6, 评分=0.93939
8.  深度= 7, 评分=0.92727
9.  深度= 8, 评分=0.93030
10. 深度= 9, 评分=0.92121
11. 深度= 10, 评分=0.93636
```

不同决策树深度的Adaboost算法性能对比见图3-4，由于生成数据的随机性以及训练和测试数据集分割的随机性，获得的图形会有差异，但不影响趋势。从图中可以看出以不同深度的决策树为弱分类器的Adaboost算法时，其性能差异还是比较大的。

3.3.2 梯度提升树算法（GBDT）

梯度提升决策树GBDT（Gradient Boosted Decision Trees），也称为梯度提升树，或者梯度树提升GTB（Gradient Tree Boosting），它是基于Leo Breiman和

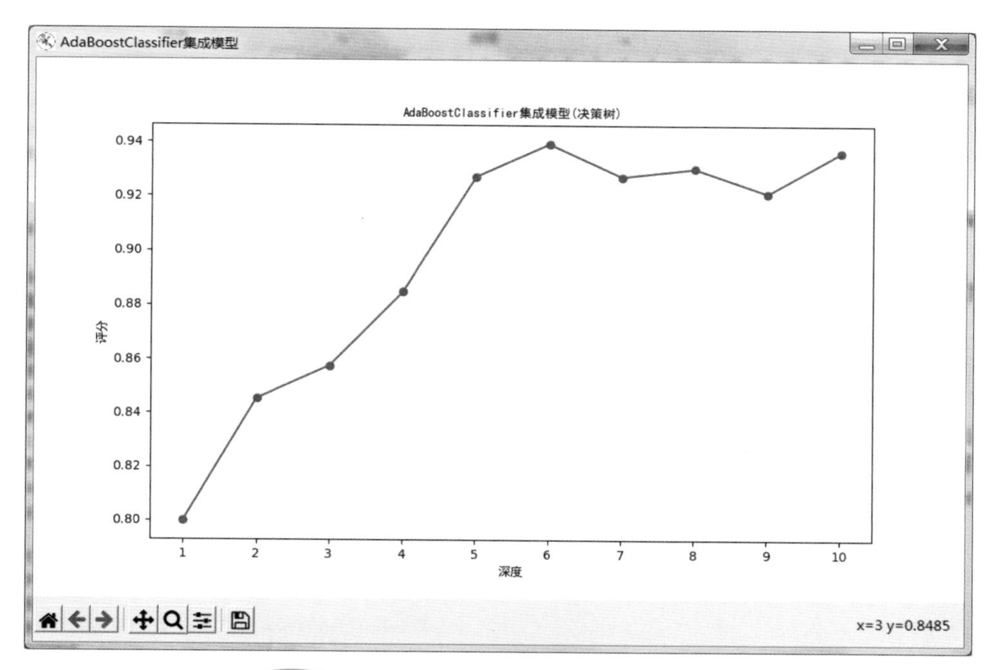

图3-4 不同决策树深度的Adaboost算法性能对比

Jerome H. Friedman对梯度提升法（gradient boosting）的研究工作，对所有弱学习器预测结果顺序累加的集成模型，也正因为这个原因，有时也称为多重累加回归树MART（Multiple Additive Regression Tree）。

梯度提升树GBDT既可以用来解决分类问题，也可以解决回归问题。用以解决回归问题时，也称为梯度提升回归树GBRT（Gradient Boosted Regression Trees）。与自适应提升算法Adaboost不同的是：梯度提升树GBDT不是对每个样本数据赋予权重，而是基于前一个决策树所产生的残差（residuals error）数据集训练一个新的决策树（这也是名称中梯度gradient的来源），也就是说，集成模型中的每个决策树（弱学习器）预测的不是目标变量本身，而是前一个决策树产生的目标变量的残差。最后的预测模型为：

$$\hat{y}_i = \sum_{m=1}^{M} L_m(x_i)$$

式中，M为迭代次数，或者弱学习器的个数，L_m为第m个弱学习器。一般来说，在梯度提升树算法中使用的弱学习器是决策树。

在Scikit-learn中，实现分类梯度提升树GBDT的是GradientBoostingClassifier()，实现回归梯度提升树GBDT的是GradientBoostingRegressor()，它们都具有一般评估器的属性和方法。这里我们简要介绍一下评估器GradientBoostingRegressor，这个评估器参数比较多，具体含义见表3-3所示。

表3-3 回归梯度提升树算法GradientBoostingRegressor()

名称	sklearn.ensemble.GradientBoostingRegressor	
声明	GradientBoostingRegressor（*, loss='squared_error', learning_rate=0.1, n_estimators=100, subsample=1.0, criterion='friedman_mse', min_samples_split=2, min_samples_leaf=1, min_weight_fraction_leaf=0.0, max_depth=3, min_impurity_decrease=0.0, init=None, random_state=None, max_features=None, alpha=0.9, verbose=0, max_leaf_nodes=None, warm_start=False, validation_fraction=0.1, n_iter_no_change=None, tol=0.0001, ccp_alpha=0.0）	
参数	loss	可选。一个字符串，指定回归损失函数。可取值范围为{“squared_error”, “absolute_error”, “huber”, “quantile”}。其中： ✧ “squared_error”：表示平方误差损失函数； ✧ “absolute_error”：表示绝对误差损失函数； ✧ “huber”：表示胡贝尔损失函数； ✧ “quantile”：表示分位数损失函数（使用分位数回归算法）。 默认值为“squared_error”
	learning_rate	可选。一个浮点数，表示“学习效率”，用以通过正则化的方法控制梯度下降过程的步长。一般取值范围为0~1.0。 默认值为1.0
	n_estimators	可选。一个正整数，表示用于集成学习的弱学习器的最大个数，也等于最大迭代次数。一般来说，数值越大，集成模型性能越好。 默认值为100
	subsample	可选。一个浮点数，指定参与训练弱学习器的数据集比例。如果小于1.0，会导致方差下降，偏差增大。 默认值为1.0
	criterion	可选。一个字符串，指定决策树划分质量的规则。可取值范围为{“friedman_mse”, “squared_error”, “mse”, “mae”}。其中： ✧ “friedman_mse”：表示Friedman均方误差规则； ✧ “squared_error”：表示平方误差规则； ✧ “mse”：表示均方误差； ✧ “mae”：表示绝对误差规则。 默认值为“friedman_mse”
	min_samples_split	可选。一个正整数或浮点数，表示一个内部节点再划分所需最小样本数。 如果是一个正整数，则表示直接指定内部节点再划分所需最小样本数； 如果是一个浮点数，则使用ceil（min_samples_split*N）为内部节点再划分所需最小样本数，其中N表示数据样本总数。 默认值为2

续表

参数	min_samples_leaf	可选。一个正整数或浮点数，表示成为一个叶子节点所需的最小样本数。 如果是一个正整数，则表示直接指定叶子节点所需的最小样本数； 如果是一个浮点数，则使用ceil（min_samples_split*N）为叶子节点所需的最小样本数，其中N表示数据样本总数。 默认值为1
	min_weight_fraction_leaf	可选。一个浮点数，表示一个节点要成为一个叶子节点，其所包含的样本的权重必须占总样本权重的比例。 默认值为0.0
	max_depth	可选。一个正整数，指定弱学习器（回归树）的最大深度。它限制了树中的节点数量。 默认值为3
	min_impurity_decrease	可选。一个浮点数，指定了节点划分所依据的不纯度下降阈值，支持加权不纯度下降。 默认值为0.0
	init	可选。一个评估器，或者字符串“zero”，或者为None，表示如何计算样本初始预测值。 如果是一个评估器，则表示使用init指定的评估器作为初始预测值； 如果是“zero”，则表示样本初始预测值为0； 如果是None，则表示使用DummyEstimator对象为初始评估器。 默认值为None
	random_state	可选。可以是一个整型数(随机数种子)，一个numpy.random.RandomState对象，或者为None，设置了一个随机数种子，用于传递给弱学习器。在n_iter_no_change不为None时，也设置从训练数据随机划分，以获得验证数据集时所需的随机数种子。 ✧ 如果是一个整型常数值，表示需要随机数生成时，每次返回的都是一个固定的序列值； ✧ 如果是一个numpy.random.RandomState对象，则表示每次均为随机采样； ✧ 如果设置为None，表示由系统随机设置随机数种子，每次也会返回不同的样本序列。 默认值为None

续表

参数	max_features	可选。一个字符串，或者正整数，或者浮点数，或者None，指定在寻找最佳划分时考虑的最大特征数量。当取值为字符串时，可取值范围为{"auto", "sqrt", "log2"}。 ✧ 如果是一个正整数，表示直接指定在进行每次划分时要考虑的特征数量； ✧ 如果是一个浮点数，表示在进行每次划分时要考虑的特征数量为： int(max_features* n_features)，其中n_features为数据集的特征数量； ✧ 如果取值为字符串"auto"，表示max_features=n_features； ✧ 如果取值为字符串"sqrt"，表示max_features=sqrt(n_features)； ✧ 如果取值为字符串"log2"，表示max_features=log2(n_features)。 ✧ 如果取值为None，相当于取值"auto"。 默认值为None
	alpha	可选。一个浮点数，表示alpha指定的分位数对应的胡贝尔损失函数。仅当参数loss="huber" 或者loss="quantile"时有效。 默认值为0.9
	verbose	可选。一个正整数，控制集成模型训练过程中输出信息的详细程度。如果设置为1，则随机输出训练过程中的进度和弱学习器的性能信息（决策树越多，输出频率越低）；如果大于1，则输出每棵树的进度和性能信息。 默认值为0，表示不输出任务信息
	max_leaf_nodes	可选。一个正整数，表示一个弱决策树（弱学习器）所具有的叶子节点的最大个数。 默认值为None，表示不限制叶子节点的个数
	warm_start	可选。一个布尔变量值，表示是否重复利用前面弱学习器调用fit()方法后的中间结果。 默认值为False
	validation_fraction	可选。一个范围为0~1之间的浮点数（不包括0，或1），表示在设置为提前停止训练时，留出的验证数据集比例。仅当参数n_iter_no_change设置为一个正整数时有效。 默认值为0.1

续表

<table>
<tr><td rowspan="3">参数</td><td>n_iter_no_change</td><td colspan="2">可选。一个正整数，表示当验证分数不再增加（阈值由参数tol指定），是否提前停止训练时所需的迭代次数。如果设置为一个正整数，表示将留出validation_fraction指定大小的数据作为验证数据，作为计算验证分数使用。
默认值为None，表示禁用提前停止训练</td></tr>
<tr><td>tol</td><td colspan="2">可选。一个浮点数，指定提前停止训练所需的误差。仅当参数n_iter_no_change设置为一个正整数时有效。
默认值为0.0001</td></tr>
<tr><td>ccp_alpha</td><td colspan="2">可选。用于最小代价复杂度剪枝CCP(Cost-Complexity Pruning)的复杂性参数。
默认值为0.0，表示不进行剪枝操作</td></tr>
<tr><td rowspan="10">GradientBoostingRegressor的属性</td><td>feature_importances_</td><td colspan="2">形状shape为(n_features,)的数组，包含了每个特征变量的基于不纯度的重要性</td></tr>
<tr><td>oob_improvement_</td><td colspan="2">形状shape为(n_estimators,)的数组，包含了每次迭代中，使用袋外数据OOB的相对于前一个迭代的损失变化。仅在subsample<1.0时有效</td></tr>
<tr><td>train_score_</td><td colspan="2">形状shape为(n_estimators,)包含了每次迭代生成的弱学习器对训练数据集的评分值</td></tr>
<tr><td>loss_</td><td colspan="2">损失函数对象</td></tr>
<tr><td>init_</td><td colspan="2">提供初始预测结果的评估器，来自参数init的设置，或者参数loss.init_estimator</td></tr>
<tr><td>estimators_</td><td colspan="2">形状shape为(n_estimators, 1)的数组，表示每次迭代生成的弱学习器集合</td></tr>
<tr><td>n_estimators_</td><td colspan="2">弱学习器的个数</td></tr>
<tr><td>n_features_in_</td><td colspan="2">一般整型数，表示构建模型时使用的特征数量，即调用fit()函数时，训练样本中所包含的特征数量</td></tr>
<tr><td>feature_names_in_</td><td colspan="2">一个形状shape为(n_features_in_,)的数组，表示调用fit()函数时，样本特征的名称。
注：只有原始总数据集中的特征有名称时才有效</td></tr>
<tr><td>max_features_</td><td colspan="2">寻找最佳划分时考虑的最大特征数量</td></tr>
<tr><td rowspan="2">GradientBoostingRegressor的方法</td><td rowspan="2">apply(X)：以X为输入数据，应用于集成模型中的每个决策树</td><td>X</td><td>形状shape为(n_samples, n_features)的数组对象或者稀疏矩阵，代表输入的样本集</td></tr>
<tr><td>返回值</td><td>形状shape为(n_samples, n_estimators)的数组对象，包含每个数据样本应用于集成模型中每个决策树时，返回的所属叶子节点索引值</td></tr>
</table>

续表

<table>
<tr><td rowspan="8">GradientBoostingRegressor的方法</td><td rowspan="6">fit(X, y, sample_weight=None, monitor=None)：根据数据集构建集成模型</td><td>X</td><td>必选。类数组对象或稀疏矩阵类型对象，其形状shape为(n_samples,n_features)，表示训练数据集，其中n_samples为样本数量，n_features为特征变量数量。
注：只有在基础模型支持稀疏矩阵时，才能接收稀疏矩阵式的样本训练集</td></tr>
<tr><td>y</td><td>必选。形状shape为(n_samples,)的类数组对象，表示目标变量数据集（类标签值）</td></tr>
<tr><td>sample_weight</td><td>可选。形状shape为(n_samples,)的数组对象，表示每个样本的权重。划分过程中，如果出现零或者负权重的节点将被忽略。
默认值为None，即每个样本的权重一样</td></tr>
<tr><td>monitor</td><td>可选。一个可回调对象，指定一个训练过程的监控器，它可以在每次迭代后被调用。一般来说，这个回调对象包含三个输入参数，形式如下：
callable(i, self, locals())
其中：
(1)i表示当前迭代序号；
(2)当前决策树的引用self；
(3)locals()表示内部方法_fit_stages。
如果回调对象返回True，则迭代训练过程停止。这个回调对象有很多用途，如状态快照、训练过程提前终止等。
默认值为None，表示不提供回调对象</td></tr>
<tr><td>返回值</td><td>训练后的集成模型</td></tr>
<tr><td>deep</td><td>可选。布尔型变量，默认值为True。如果为True，表示不仅包含此评估器自身的参数值，还将返回包含的子对象(也是评估器)的参数值</td></tr>
<tr><td rowspan="2">get_params(deep=True)：获取评估器(集成模型)的各种参数</td><td>返回值</td><td>字典对象。包含（参数名称：值）的键值对</td></tr>
</table>

续表

<table>
<tr><td rowspan="13">GradientBoostingRegressor的方法</td><td rowspan="2">predict(X)：对输入样本数据进行回归预测</td><td>X</td><td>必选。类数组对象或稀疏矩阵类型对象，其形状shape为(n_samples,n_features)，表示输入训练数据集。
注：只有在基础模型支持稀疏矩阵时，才能接收稀疏矩阵式的样本训练集</td></tr>
<tr><td>返回值</td><td>形状shape为(n_samples,)的数组对象，表示预测值</td></tr>
<tr><td rowspan="4">score(X, y, sample_weight=None)：计算回归预测的决定系数R^2</td><td>X</td><td>必选。类数组对象或稀疏矩阵类型对象，其形状shape为(n_samples,n_features)，表示训练数据集，其中n_samples为样本数量，n_features为特征变量数量</td></tr>
<tr><td>y</td><td>必选。类数组对象或稀疏矩阵类型对象，其形状shape为(n_samples,)，或者(n_samples, n_outputs)，表示目标变量数据集。其中n_outputs为目标变量个数。
注：必要时，此参数类型可以转换训练数据集X的数据类型</td></tr>
<tr><td>sample_weight</td><td>可选。形状shape为(n_samples,)的数组对象，表示每个样本的权重；也可以为一个浮点数，表示每个样本的权重均为指定的浮点数值。默认值为None，即每个样本的权重一样（为1）</td></tr>
<tr><td>返回值</td><td>一个浮点数</td></tr>
<tr><td rowspan="2">set_params(**params)：设置评估器的各种参数</td><td>params</td><td>一个字典对象，包含了评估器的各种参数</td></tr>
<tr><td>返回值</td><td>评估器自身</td></tr>
<tr><td rowspan="2">staged_predict(X)：计算并返回每次迭代中的回归预测值，实际上这是一个生成器(generator)</td><td>X</td><td>必选。类数组对象或稀疏矩阵类型对象，其形状shape为(n_samples,n_features)，表示输入训练数据集</td></tr>
<tr><td>返回值</td><td>形状shape为(n_samples,)的数组对象，包含了计算预测值的生成器，返回回归预测值</td></tr>
</table>

下面我们以例子说明自适应提升算法GradientBoostingRegressor的使用。在这个例子中，使用了系统自带的波士顿房价数据集。数据集合中共有506个样本，13个特征变量，1个目标标量（MEDV），如表3-4所示。

表3-4 波士顿房价数据集说明

序号	字段名称	意义
1	CRIM	城镇人均犯罪率
2	ZN	城镇中住宅用地超过25000平方英尺的比例
3	INDUS	城镇中非零售商业用土地所占比例
4	CHAS	查理斯河虚拟变量（如果边界是河流，则为1；否则为0）
5	NOX	一氧化氮浓度（环保指标，百万分之己）
6	RM	每栋住宅的平均房间数。
7	AGE	1940年之前建成的自用房屋比例
8	DIS	到波士顿五个中心的加权距离
9	RAD	径向公路可达性指数
10	TAX	每10000美元的全值财产税率
11	PTRATIO	城镇师生比例
12	B	与城镇中黑人比例的指数
13	LSTAT	人口中地位较低人群的百分数
14	MEDV	住房价格的中位数值（以千美元计），这是目标变量

在本例中，首先创建一个GradientBoostingRegressor对象，然后计算并排序各个特征变量对模型预测的重要性，最后评估训练过程和测试过程中的偏差。请看代码（GradientBoostingRegressor.py）：

```
1.
2.  import numpy as np
3.  from sklearn import datasets
4.  from sklearn.preprocessing import StandardScaler
5.  from sklearn.model_selection import train_test_split
6.  from sklearn.ensemble import GradientBoostingRegressor
7.  from sklearn.metrics import mean_squared_error
8.  from sklearn.inspection import permutation_importance
9.  from matplotlib.font_manager import FontProperties
10. import matplotlib.pyplot as plt
11.
12. #1 导入波士顿房价数据集
13. bhPrice = datasets.load_boston()
14.
15. #2 分割总数据集为训练数据集和测试数据集
16. X_train, X_test, y_train, y_test = train_test_split(bhPrice.
    data, bhPrice.target, random_state=42, test_size=0.1)
17.
18. #3 标准化数据集
19. sc = StandardScaler()
20. X_train_std = sc.fit_transform(X_train)
21. X_test_std  = sc.transform(X_test)
22.
23. #4 设置几个 GradientBoostingRegressor 的超参数
```

```
24. gbr_params = {'n_estimators': 1000,
25.               'max_depth': 3,
26.               'min_samples_split': 5,
27.               'learning_rate': 0.01,
28.               'loss': 'ls' }
29.
30. #5 创建GradientBoostingRegressor的对象，并训练模型
31. gbr = GradientBoostingRegressor(**gbr_params)
32. gbr.fit(X_train_std, y_train)
33.
34. #6 计算并输出决定系数R^2
35. print("模型准确度: %.3f" % gbr.score(X_test_std, y_test))
36.
37. #7 计算均方误差
38. mse = mean_squared_error(y_test, gbr.predict(X_test_std))
39. print("基于测试数据的均方误差(MSE): {: .4f}".format(mse))
40.
41. #8 使用feature_importances_获得特征变量的重要性指标
42. feature_importance = gbr.feature_importances_
43. sorted_idx = np.argsort(feature_importance)
44. pos = np.arange(sorted_idx.shape[0]) + .5
45.
46. #9 输出特征变量的重要性
47. fig = plt.figure(figsize=(16, 8))
48. fig.canvas.manager.set_window_title("GradientBoostingRegressor集成模型
    ")  # Matplotlib >= 3.4
49. #fig.canvas.set_window_title("GradientBoostingRegressor集成模型")
    # Matplotlib < 3.4
50. font = FontProperties(fname="C: \\Windows\\Fonts\\SimHei.
    ttf")  # , size=16
51.
52. plt.subplot(1, 2, 1)
53. plt.barh(pos, feature_importance[sorted_idx], align='center')
54. plt.yticks(pos, np.array(bhPrice.feature_names)[sorted_idx])
55. #plt.title('Feature Importance (MDI)', fontproperties=font)
56. plt.title('特征重要性(MDI)', fontproperties=font)
57. result = permutation_importance(gbr, X_test_std, y_test, n_repeats=10,
58.                                 random_state=42, n_jobs=2)
59. sorted_idx = result.importances_mean.argsort()
60.
61. #10 计算不同弱学习器个数对应的GradientBoostingRegressor对象时的测试评分
62. test_score = np.zeros((gbr_params['n_estimators'],), dtype=np.
    float64)
63. for i, y_pred in enumerate(gbr.staged_predict(X_test_std)):
64.     test_score[i] = gbr.loss_(y_test, y_pred)
65.
66. #11 绘制偏差曲线
67. plt.subplot(1, 2, 2)
```

```
68. plt.title('偏差(Deviance)', fontproperties=font)
69. plt.plot(np.arange(gbr_params['n_estimators']) + 1, gbr.train_
    score_, 'b-',
70.          label='训练偏差')
71. plt.plot(np.arange(gbr_params['n_estimators']) + 1, test_score, 'r-',
72.          label='测试偏差')
73. plt.legend(loc='upper right', prop=font)
74. plt.xlabel('迭代次数', fontproperties=font)
75. plt.ylabel('偏差', fontproperties=font)
76.
77. fig.tight_layout()
78. plt.show()
79.
```

上述代码运行后，输出结果如下：

```
1.  模型准确度： 0.918
2.  基于测试数据的均方误差(MSE)： 5.1440
```

同时输出图3-5所示的图形。

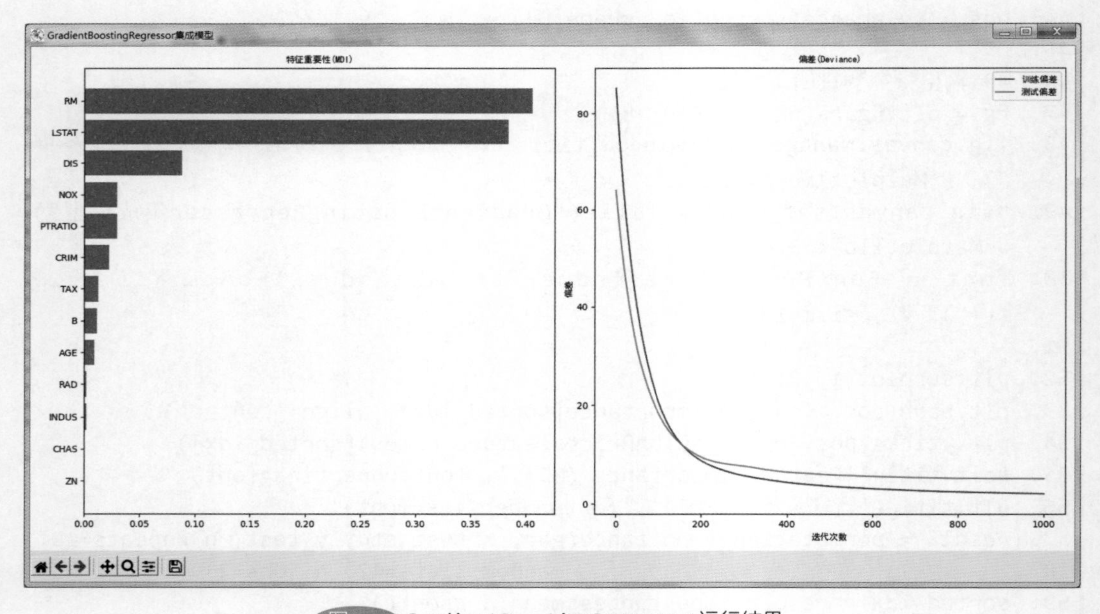

图3-5 GradientBoostingRegressor运行结果

从Scikit-learn Ver0.21开始，引入了另外两个GBDT算法的实现：基于柱状图的GBDT分类集成模型HistGradientBoostingClassifier()和基于柱状图的GBDT回归集成模型HistGradientBoostingRegressor()。相对于GradientBoostingClassifier()和GradientBoostingRegressor()而言，它们的训练速度快几个数量级，这里不再详细介绍。

现在基于梯度提升树GBDT算法还有很多高效衍生实现，例如XGBoost、pGBRT、

LightGBM等。其中：

（1）XGBoost（eXtreme Gradient Boosting）是一个高效地实现了GBDT算法，在损失函数、正则化、切分点查找算法等方面进行了优化，可以实现模型的并行训练。

（2）pGBRT是MPI版的GBRT，其中MPI（Message Passing Interface）表示消息传递接口，是一个跨语言的通信协议。基于这种协议可以实现应用在CPU上的并行化计算框架，可实现高性能大规模计算，以及可移植性，是今天很多高性能计算的主要模型。

（3）LightGBM（Light Gradient Boosting Machine）也是一种支持并行训练、高效率的GBDT实现，具有更快的训练速度、更低的内存消耗、更好的准确率等优点。

3.4 投票集成算法（voting）

前面讲述的自助聚合算法Bagging和加速提升算法Boosting属于同构集成算法（homogenous ensembles），因为在训练过程中，使用的基础模型（弱学习器）都是相同的；而投票集成算法不同，它的基础模型可以是不同的，所以属于异构集成算法（heterogenous ensembles）。按照解决问题的类别可以分为投票分类算法和投票回归算法两种。其实这两种算法的原理的类似的。所以，这里我们重点讲述一下投票分类算法。

投票分类算法的思想是组合不同的机器学习分类器，并使用少数服从多数的方式（硬投票），或者加权平均各模型预测概率的方式（软投票）来确定最终预测结果类别（标签）。这种方法对于性能相当的一组模型来说非常有效，因为可以有效地平衡它们各自的弱点。注意：所有的分类器均在整个训练集上进行构建，不需要通过自助抽样等方式获取训练子集。

在Scikit-learn中，实现投票分类算法的是sklearn.ensemble.VotingClassifier()，它具有一般评估器的属性和方法。这里我们简要介绍一下评估器VotingClassifier，见表3-5所示。

表3-5 投票分类算法VotingClassifier()

名称	sklearn.ensemble.VotingClassifier
声明	VotingClassifier(estimators, *, voting='hard', weights=None, n_jobs=None, flatten_transform=True, verbose=False)

续表

参数	estimators	必选。一个列表对象，每个元素为(str, estimator)的元组。其中estimator表示一个评估器，str为评估器的名称。 注：一个estimator可以通过VotingClassifier的方法set_params设置为"drop"（以str为关键词），表示这个评估器不再参与分类预测，即剔除这个评估器。所有保留的评估器将存保存在属性estimators_中
	voting	可选。一个字符串，取值范围为{"hard", "soft"}。其中： "hard"：使用少数服从多数的原则确定预测结果； "soft"：使用对各个类别预测概率的加权平均值中最大值确定预测结果。此时需要每个评估器支持predict_proba()方法。 默认值为"hard"
	weights	可选。一个形状shape为(n_classifiers,)的数组，包含每个评估器的预测权重。 默认值为None，表示每个评估器的权重相同
	n_jobs	可选。一个整数值或None，表示在拟合模型和使用模型预测过程中所使用的最大并行计算任务数(可以理解为线程数量)。 具体取值请参见表3-1(n_jobs)
	flatten_transform	可选。一个布尔变量值，指定影响方法transform()返回结果的形状。仅在参数voting设置为"soft"时有效。当设置为True时，方法transform()的返回结果形状为(n_samples, n_classifiers * n_classes)；否则返回结果形状为(n_samples, n_classifiers, n_classes)。 默认值为True
	verbose	可选。一个布尔变量值，指定是否输出训练过程所使用的时间。 默认为False
VotingClassifier的属性	estimators_	一个包含训练过的分类评估器的列表对象（不包含被设置为"drop"的评估器）
	named_estimators	一个Bunch对象，可以访问每一个训练后的评估器
	le_	模型(评估器)训练过程中和预测过程中使用的类别标签编码器(LabelEncoder)
	classes_	一个形状shape为(n_classes,)的数组对象，表示类别标签
	n_features_in_	一个整型数，表示评估器训练过程中所使用的特征个数
	feature_names_in_	一个形状shape为(n_features_in_,)的数组对象，包含了训练过程中所使用的特征的名称。仅在estimators_包含的评估器支持名称属性才有效

续表

VotingClassifier的方法	fit(X, y, sample_weight=None)：根据数据集训练集成模型	X	必选。类数组对象或稀疏矩阵类型对象，其形状shape为(n_samples,n_features)，表示训练数据集，其中n_samples为样本数量，n_features为特征变量数量。 注：只有属性estimators_指定的所有评估器支持稀疏矩阵时，才能接收稀疏矩阵式的样本训练集
		y	必选。形状shape为(n_samples,)的类数组对象，表示目标变量数据集。对于分类为类标签值
		sample_weight	可选。形状shape为(n_samples,)的数组对象，表示每个样本的权重。 默认值为None，即每个样本的权重一样(为1)。 注：只有属性estimators_指定的所有评估器都支持此样本属性时，此参数才有效
		返回值	训练后的投票分类评估器
	fit_transform(X, y=None, **fit_params)：训练模型，并返回对X预测的每个类别标签，或者每个类别标签值对应的概率值	X	必选。类数组对象或稀疏矩阵类型对象，其形状shape为(n_samples,n_features)，表示训练数据集，其中n_samples为样本数量，n_features为特征变量数量。 注：只有属性estimators_指定的所有评估器支持稀疏矩阵时，才能接收稀疏矩阵式的样本训练集
		y	必选。形状shape为(n_samples,)的类数组对象，表示目标变量数据集。对于分类为类标签值
		fit_params	其他额外输入的参数
		返回值	形状shape为(n_samples, n_features_new)的数组对象
	get_params(deep=True)：获取评估器(集成模型)的各种参数	deep	可选。布尔型变量，默认值为True。如果为True，表示不仅包含此评估器自身的参数值，还将返回包含的子对象(也是评估器)的参数值
		返回值	字典对象。包含(参数名称：值)的键值对
	predict(X)：预测输入样本数据的类别	X	必选。类数组对象或稀疏矩阵类型对象，其形状shape为(n_samples,n_features)，表示输入训练数据集 注：只有属性estimators_指定的所有评估器支持稀疏矩阵时，才能接收稀疏矩阵式的样本训练集
		返回值	形状shape为(n_samples,)的数组对象，表示预测值

续表

<table>
<tr><td rowspan="14">VotingClassifier的方法</td><td rowspan="2">predict_proba(X)：输出每个样本每个类别的概率值</td><td>X</td><td>必选。形状shape为(n_samples,n_features)的矩阵，表示输入数据集</td></tr>
<tr><td>返回值</td><td>形状shape为(n_samples, n_classes)的数组，表示每个样本的每个类别对应的概率值。其中类别值的顺序由属性classes_指定</td></tr>
<tr><td rowspan="4">score(X, y, sample_weight=None)：基于给定的测试数据集计算平均准确率</td><td>X</td><td>必选。类数组对象或稀疏矩阵类型对象，其形状shape为(n_samples,n_features)，表示训练数据集，其中n_samples为样本数量，n_features为特征变量数量</td></tr>
<tr><td>y</td><td>必选。类数组对象或稀疏矩阵类型对象，其形状shape为(n_samples,)，或者(n_samples, n_outputs)，表示目标变量数据集。其中n_outputs为目标变量个数</td></tr>
<tr><td>sample_weight</td><td>可选。形状shape为(n_samples,)的数组对象，表示每个样本的权重；也可以为一个浮点数，表示每个样本的权重均为指定的浮点数值。默认值为None，即每个样本的权重一样（为1）</td></tr>
<tr><td>返回值</td><td>一个浮点数</td></tr>
<tr><td rowspan="2">set_params(**params)：设置评估器的各种参数</td><td>params</td><td>一个字典对象，包含了评估器的各种参数</td></tr>
<tr><td>返回值</td><td>评估器自身</td></tr>
<tr><td rowspan="2">transform(X)：返回X的概率预测值或类别标签</td><td>X</td><td>必选。类数组对象或稀疏矩阵类型对象，其形状shape为(n_samples,n_features)，表示训练数据集</td></tr>
<tr><td>返回值</td><td>返回值为概率值或预测的类别标签。
(1)如果参数voting="soft"，且flatten_transform=True，则返回结果为形状shape是(n_classifiers, n_samples * n_classes)的数组，包含了属性estimators_指定的每个评估器预测的概率值；
(2)如果参数voting="soft"，且flatten_transform=False，则返回结果为形状shape是(n_classifiers, n_samples, n_classes)的数组；
(3)如果参数voting="hard"，则返回结果为形状shape是(n_classifiers, n_classifiers)的数组，包含了属性estimators_指定的每个评估器预测的类别标签</td></tr>
</table>

下面我们以例子的形式说明投票分类器VotingClassifier的使用。在本例中，使用了系统自带的鸢尾花数据集。为了能够在二维坐标系中绘制图形，示例中仅使用了第一、第二个特征变量［花萼长度"sepal length(cm)"和花萼宽度"sepal width(cm)"］，并且为了对比，同时生成了多个模型，划出决策边界图形。请看代码

（VotingClassifier.py）：

```
1.
2.  import numpy as np
3.  from sklearn.datasets import load_iris
4.  from sklearn.model_selection import train_test_split
5.  from sklearn.ensemble import VotingClassifier
6.  from sklearn.tree import DecisionTreeClassifier
7.  from sklearn.neural_network import MLPClassifier
8.  from sklearn.neighbors import KNeighborsClassifier
9.  from matplotlib.font_manager import FontProperties
10. import matplotlib.pyplot as plt
11.
12. #0 随机数种子
13. seed = 10
14.
15. #1 导入鸢尾花数据集，并分离特征变量和目标变量
16. irisData = load_iris()
17. X0 = irisData.data
18. y0 = irisData.target
19.
20. #2 本例子中，仅考虑前2个特征变量，以便能够绘制样本点以及分类器的决策边界
21. X = X0[:,0:2]
22. y = y0
23.
24. #3 把数据集分割为训练数据集和测试数据集
25. X_train, X_test, y_train, y_test = train_test_split(X, y, test_
    size=0.34, stratify=y, random_state=seed)
26.
27. #4 声明一个字体对象，后面绘图使用
28. font = FontProperties(fname="C:\\Windows\\Fonts\\SimHei.
    ttf") # , size=16
29.
30. #5 这里定义一个绘制分类评估器决策边界的函数
31. #参数：classifier 训练后的分类器； X，y：输入的特征变量和目标变量
32. #参数：title：图形标题
33. def plot_decision_boundary(classifier, X, y, title):
34.   xmin, xmax = np.min(X[:, 0]) - 0.05, np.max(X[:, 0]) + 0.05
35.   ymin, ymax = np.min(X[:, 1]) - 0.05, np.max(X[:, 1]) + 0.05
36.
37.   step = 0.01
38.    xx, yy = np.meshgrid(np.arange(xmin, xmax, step), np.
    arange(ymin, ymax, step))
39.    Z = classifier.predict(np.hstack((xx.ravel()[:, np.newaxis], yy.
    ravel()[:, np.newaxis])))
40.   Z = Z.reshape(xx.shape)
41.
42.   colormap = plt.cm.Paired
43.   plt.contourf(xx, yy, Z, cmap=colormap)
44.   color_map_samples = {0: (0, 0, .9), 1: (1, 0, 0), 2: (.8, .6, 0)}
```

```
45.   colors = [color_map_samples[c] for c in y]
46.   plt.scatter(X[:, 0], X[:, 1], c=colors, edgecolors="black")
47.   plt.xlim(xmin, xmax)
48.   plt.ylim(ymin, ymax)
49.   plt.title(title, fontproperties=font)
50. # end of plot_decision_boundary()
51.
52.
53. #6 初始化画布
54. fig = plt.figure(figsize=(10, 8))
55. fig.canvas.manager.set_window_title("VotingClassifier集成模型
    ")  # Matplotlib >= 3.4
56. #fig.canvas.set_window_title("VotingClassifier集成模型
    ")          # Matplotlib < 3.4
57.
58. #7.1 训练一个决策树模型DecisionTreeClassifier
59. tree = DecisionTreeClassifier(min_samples_split=5, min_samples_
    leaf=3, random_state=seed)
60. tree.fit(X_train, y_train)
61. plt.subplot(2, 2, 1)
62. plot_decision_boundary(tree, X_train, y_train, "决策树模型决策边界")
63.
64. #7.2 训练一个多层感知机模型MLPClassifier
65. mlp = MLPClassifier(hidden_layer_sizes=(10,), max_iter=10000, random_
    state=seed)
66. mlp.fit(X_train, y_train)
67. plt.subplot(2, 2, 2)
68. plot_decision_boundary(mlp, X_train, y_train, "多层感知模型机决策边界")
69.
70. #7.3 训练一个k最近邻模型KNeighborsClassifier
71. knn = KNeighborsClassifier(n_neighbors=3)
72. knn.fit(X_train, y_train)
73. plt.subplot(2, 2, 3)
74. plot_decision_boundary(knn, X_train, y_train, "最近邻模型决策边界")
75.
76. #7.4 训练一个投票分类器(集成模型)，并组合上面三个模型
77. voting_clf = VotingClassifier(estimators=[("Tree", tree), ("MLP", mlp),
    ("kNN", knn)], voting="hard")
78. voting_clf.fit(X_train, y_train)
79. plt.subplot(2, 2, 4)
80. plot_decision_boundary(voting_clf, X_train, y_train, "投票分类集成模型决
    策边界")
81.
82. #8 最后展示
83. plt.tight_layout()
84. plt.show()
85.
```

输出图3-6所示的图形。图中同时显示了决策树模型、多层感知机模型、最近邻

模型和投票分类器模型的决策边界，可以非常直观地看到每个模型的性能。注意：这里仅仅使用了原始数据集中的前两个特征变量。

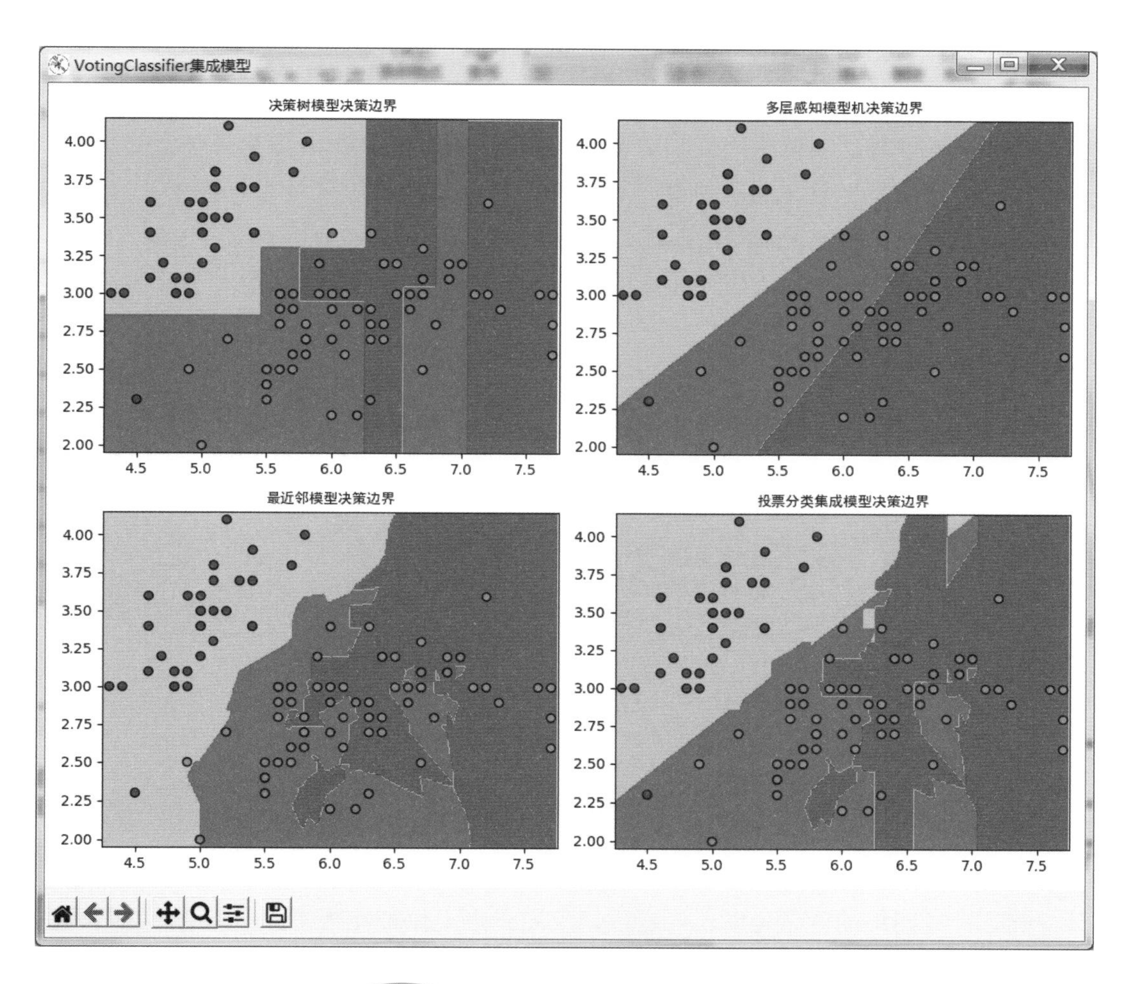

图3-6 投票分类器VotingClassifier示例

在实际使用时，投票分类器VotingClassifier不仅可以使用决策树、最近邻等基础模型，也可以使用其他训练的集成模型作为参数estimators的内容。

最后，简要说明一下投票回归算法。前面讲过，投票回归算法的思想与投票分类算法的思想是一致的，不过它是用来解决回归问题的，最终的回归预测值是各个回归学习器预测值的均值。

在Scikit-learn中，实现投票回归算法的是sklearn.ensemble.VotingRegressor()，它具有一般评估器的属性和方法。由于它与投票分类算法VotingClassifier类似，这里不再赘述。

3.5 堆栈泛化（stacking）

堆栈泛化（stacked generalization）是组合两个或多个评估器（基本评估器）的输出（预测值）作为一个新评估器（元评估器或泛化评估器）的输入进行建模，从而减少最终预测偏差的集成学习方法。更具体地说，组合多个评估器的预测作为最后一个评估器的输入进行预测（仍以原始数据集的目标变量为目标变量），且最后评估器通过交叉验证方式进行训练、预测，示意图如图3-7所示。图中KNN、SVM和CART为基本评估器（也称初级评估器），而逻辑回归模型为元评估器（也称为次级评估器）。

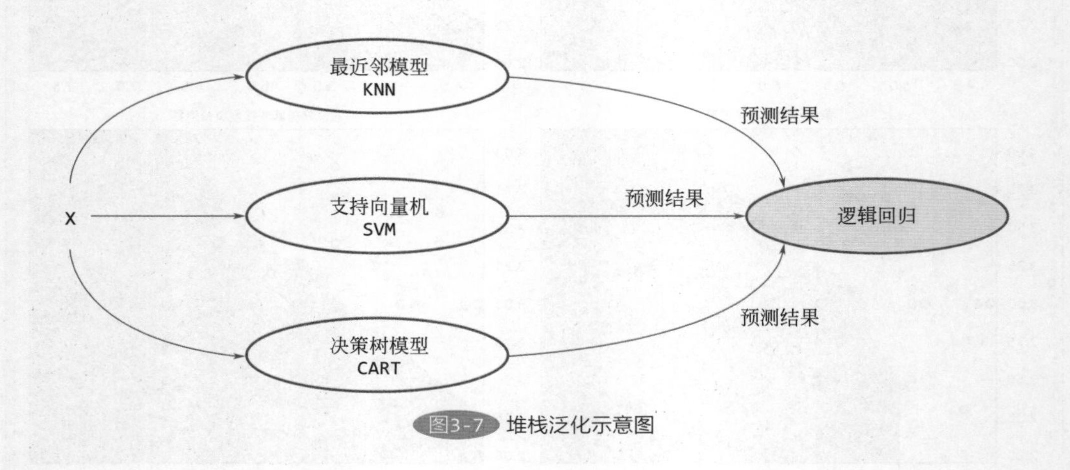

图3-7 堆栈泛化示意图

熟悉神经网络的读者可能已经看出，上图有点类似神经网络。实际上，在堆栈泛化中，连线（边）上也可以具有一定的权重。在解决实际问题时，按照解决问题的类别可以分为堆栈分类算法和堆栈回归算法两种。

在Scikit-learn中，实现堆栈分类算法的是sklearn.ensemble.StackingClassifier()，实现堆栈回归算法的是sklearn.ensemble.StackingRegressor()。在这两类堆栈泛化算法中，基本评估器使用了所有的数据集X进行训练、预测，而元评估器使用了cross_val_predict()进行交叉验证进行训练。默认情况下，采用5折交叉验证，但是可以通过参数cv进行设置。关于交叉验证的知识，我们将在下一章中专门介绍。

由于堆栈分类算法StackingClassifier()和堆栈回归算法StackingRegressor()的使用相近，所有这里我们只介绍一下评估器StackingClassifier。表3-6详细说明了这个评估器的构造函数及其属性和方法。

表3-6 堆栈分类算法StackingClassifier()

<table>
<tr><td>名称</td><td colspan="2">sklearn.ensemble.StackingClassifier</td></tr>
<tr><td>声明</td><td colspan="2">StackingClassifier(estimators, final_estimator=None, *, cv=None, stack_method='auto', n_jobs=None, passthrough=False, verbose=0)</td></tr>
<tr><td rowspan="7">参数</td><td>estimators</td><td>必选。一个列表对象，每个元素为(str, estimator)的元组。其中estimator表示一个基本评估器，str为基本评估器的名称。
注：一个estimator可以通过VotingClassifier的方法set_params设置为"drop"（以str为关键词），表示这个评估器不再参与分类预测，即剔除这个评估器。所有保留的评估器将存保存在属性estimators_中</td></tr>
<tr><td>final_estimator</td><td>可选。一个分类评估器对象或None，表示元评估器。
默认值为None，表示使用逻辑回归LogisticRegression模型</td></tr>
<tr><td>cv</td><td>可选。一个正整数，或者一个交叉验证生成器，或者一个可回调函数(对象)，指定计算过程中使用的交叉验证方法。
（1）如果是一个正整数，表示使用指定折数的交叉验证KFold()或分层交叉验证StratifiedKFold()。如果评估器estimator是一个分类评估器，则使用StratifiedKFold()；否则使用KFold()。
（2）如果是一个交叉验证生成器，则使用指定交叉验证生成器。
（3）如果是一个可回调函数(对象)，则是一个返回测试集和验证集（测试集）索引的生成器（带yield语句）。
默认值为None，相当于设置值为5的正整数，即使用5折交叉验证</td></tr>
<tr><td>stack_method</td><td>可选。一个字符串，指定每个基本评估器调用的方法，取值范围为{"auto", "predict_proba", "decision_function", "predict"}。其中，当设置为"auto"时，将按照predict_proba()->decision_function()->predict()的顺序调用一个可用的方法；设置为其他值时，按照设置值调用对应的方法。
默认值为"auto"</td></tr>
<tr><td>n_jobs</td><td>可选。一个整数值或None，表示在拟合模型和使用模型预测过程中所使用的最大并行计算任务数(可以理解为线程数量)。
具体取值请参见表3-1(n_jobs)</td></tr>
<tr><td>passthrough</td><td>可选。一个布尔变量值。当设置为False时，仅把基本评估器的预测结果作为最终元评估器final_estimator的输入；如果设置为True，则训练final_estimator时，也会把原始训练数据集考虑在呢。
默认值为False</td></tr>
<tr><td>verbose</td><td>可选。一个整数值，指定运算过程输出信息的详细程度。数值越大，输出信息越详细。
默认为0</td></tr>
</table>

续表

<table>
<tr><td rowspan="7">StackingClassifier的属性</td><td>classes_</td><td colspan="2">形状shape为(n_classes,)的数组，包含了目标变量的分类标签</td></tr>
<tr><td>estimators_</td><td colspan="2">一个包含训练过的分类评估器的列表对象（不包含被设置为"drop"的评估器）</td></tr>
<tr><td>named_estimators</td><td colspan="2">一个Bunch对象，可以访问每一个训练后的基本评估器</td></tr>
<tr><td>n_features_in_</td><td colspan="2">一个整型数，表示评估器训练过程中所使用的特征个数</td></tr>
<tr><td>feature_names_in_</td><td colspan="2">一个形状shape为(n_features_in_,)的数组对象，包含了训练过程中所使用的特征的名称。仅在estimators_包含的评估器支持名称属性才有效</td></tr>
<tr><td>final_estimator_</td><td colspan="2">元评估器，即最终分类器</td></tr>
<tr><td>stack_method_</td><td colspan="2">一个字符串数组，包含了每个基本评估器所使用的堆栈方法</td></tr>
<tr><td rowspan="6">StackingClassifier的方法</td><td rowspan="2">decision_function(X)：最后一个评估器(元评估器)的样本决策函数</td><td>X</td><td>必选。类数组对象或稀疏矩阵类型对象，其形状shape为(n_samples,n_features)，表示训练数据集，其中n_samples为样本数量，n_features为特征变量数量。
注：只有属性estimators_指定的所有评估器支持稀疏矩阵时，才能接收稀疏矩阵式的样本训练集</td></tr>
<tr><td>返回值</td><td>形状shape为(n_samples,)，或者(n_samples, n_classes)，或者 (n_samples, n_classes * (n_classes-1) / 2)的数组，包含了样本的最终评估器计算的决策函数</td></tr>
<tr><td rowspan="4">fit(X, y, sample_weight=None)：根据数据集训练集成模型</td><td>X</td><td>必选。类数组对象或稀疏矩阵类型对象，其形状shape为(n_samples,n_features)，表示训练数据集，其中n_samples为样本数量，n_features为特征变量数量。
注：只有属性estimators_指定的所有评估器支持稀疏矩阵时，才能接收稀疏矩阵式的样本训练集</td></tr>
<tr><td>y</td><td>必选。形状shape为(n_samples,)的类数组对象，表示目标变量数据集。对于分类为类标签值</td></tr>
<tr><td>sample_weight</td><td>可选。形状shape为(n_samples,)的数组对象，表示每个样本的权重。
默认值为None，即每个样本的权重一样（为1）。
注：只有属性estimators_指定的所有评估器都支持此样本属性时，此参数才有效</td></tr>
<tr><td>返回值</td><td>训练后的分类评估器</td></tr>
</table>

续表

StackingClassifier的方法	fit_transform(X, y=None, **fit_params) ：训练模型，并返回对X预测的每个类别标签，或者每个类别标签值对应的概率值	X	必选。类数组对象或稀疏矩阵类型对象，其形状shape为(n_samples,n_features)，表示训练数据集，其中n_samples为样本数量，n_features为特征变量数量。 注：只有属性estimators_指定的所有评估器支持稀疏矩阵时，才能接收稀疏矩阵式的样本训练集
		y	必选。形状shape为(n_samples,)的类数组对象，表示目标变量数据集。对于分类为类标签值
		fit_params	其他额外输入的参数
		返回值	形状shape为(n_samples, n_features_new)的数组对象
	get_params(deep=True): 获取评估器(集成模型)的各种参数	deep	可选。布尔型变量，默认值为True。如果为True，表示不仅包含此评估器自身的参数值，还将返回包含的子对象（也是评估器）的参数值
		返回值	字典对象。包含(参数名称：值)的键值对
	predict(X, **predict_params): 预测输入样本数据的类别	X	必选。类数组对象或稀疏矩阵类型对象，其形状shape为(n_samples,n_features)，表示输入训练数据集 注：只有属性estimators_指定的所有评估器支持稀疏矩阵时，才能接收稀疏矩阵式的样本训练集
		predict_params	可选。一个字典对象，包含了元评估器调用predict()方法时的其他参数
		返回值	形状shape为(n_samples,)的数组对象，表示预测值
	predict_proba(X): 使用元评估器输出每个样本每个类别的概率值	X	必选。形状shape为(n_samples,n_features)的矩阵，表示输入数据集
		返回值	形状shape为(n_samples, n_classes)的数组，表示每个样本的每个类别对应的概率值。其中类别值的顺序由属性classes_指定
	score(X, y, sample_weight=None): 基于给定的测试数据集计算平均准确率	X	必选。类数组对象或稀疏矩阵类型对象，其形状shape为(n_samples,n_features)，表示训练数据集，其中n_samples为样本数量，n_features为特征变量数量
		y	必选。类数组对象或稀疏矩阵类型对象，其形状shape为(n_samples,)，或者(n_samples, n_outputs)，表示目标变量数据集。其中n_outputs为目标变量个数
		sample_weight	可选。形状shape为(n_samples,)的数组对象，表示每个样本的权重；也可以为一个浮点数，表示每个样本的权重均为指定的浮点数值。默认值为None，即每个样本的权重一样（为1）
		返回值	一个浮点数

续表

StackingClassifier的方法	set_params(**params)：设置评估器的各种参数	params	一个字典对象，包含了评估器的各种参数
		返回值	评估器自身
	transform(X)：返回X的概率预测值或类别标签	X	必选。类数组对象或稀疏矩阵类型对象，其形状shape为(n_samples,n_features)，表示训练数据集
		返回值	返回一个形状shape为(n_samples, n_estimators)或者(n_samples, n_classes * n_estimators)的数组，包含了每个评估器的预测结果

下面我们以例子的形式说明堆栈分类器StackingClassifier的使用。在本例中，使用了系统自带的鸢尾花数据集，通过设置参数final_estimator为另一个StackingClassifier对象，实现了多层堆栈泛化集成学习。请看代码（StackingClassifier.py）：

```
1.
2.  from sklearn.datasets import load_iris
3.  from sklearn.ensemble import RandomForestClassifier, StackingClassifier
4.  from sklearn.linear_model import LogisticRegression
5.  from sklearn.model_selection import train_test_split
6.  from sklearn.neighbors import KNeighborsClassifier
7.  from sklearn.tree import DecisionTreeClassifier
8.
9.  # 加载鸢尾花数据集
10. X, y = load_iris(return_X_y=True)
11.
12. # 对完整数据集进行划分：训练集和测试集
13. X_train, X_test, y_train, y_test = train_test_
    split(X, y, stratify=y, random_state=42)
14.
15.
16. # 构建 第一层 基本评估器
17. rndForest1 = RandomForestClassifier(n_estimators=10, random_state=42)
18. knn1 = KNeighborsClassifier(n_neighbors=5)
19. layer_one_estimators = [
20.                         ('rf_1', rndForest1),
21.                         ('knn_1',knn1 )
22.                        ]
23.
24. # 构建 第二层 基本评估器
25. dt2 = DecisionTreeClassifier()
26. rndForest2 = RandomForestClassifier(n_estimators=50, random_state=42)
27. layer_two_estimators = [
28.                         ('dt_2', dt2),
29.                         ('rf_2', rndForest2),
```

```
30.                             ]
31.
32. # 待嵌入的堆栈泛化模型，即构建第二层堆栈泛化模型所需要的元评估器
33. layer_two_final = StackingClassifier(estimators=layer_two_
    estimators, final_estimator=LogisticRegression())
34.
35. # 构建最终的堆栈泛化模型
36. fnlClf = StackingClassifier(estimators=layer_one_estimators, final_
    estimator=layer_two_final)
37.
38. # 训练最终的堆栈泛化模型
39. fnlClf.fit(X_train, y_train)
40.
41. # 计算准确率
42. scores = fnlClf.score(X_test, y_test)
43. print("二级堆栈泛化精度：%0.3f" % scores)
44.
```

上述代码运行后，输出结果如下：

```
1.  二级堆栈泛化精度：0.974
```

4 模型选择和交叉验证

模型选择是在给定一个模型集合A和数据集D的情况下，在集合A中寻找具有最大泛化能力的模型A^*。注意A^*的泛化能力指标（如分类模型的准确度等）不是基于数据集D计算的，数据集D的作用是训练构建模型A^*，泛化能力指标的计算必须基于新数据进行。

为了更好地理解后面的内容，我们先概要讲述两个概念：模型参数和模型超参数。

在很多机器学习算法中都存在两种类型的参数：模型参数（model parameters）和模型超参数（model hyperparameters）。其中模型参数是定义模型特征的参数，它们可以直接从训练数据集中训练获得，例如线性回归模型的回归系数、决策树的分割点等；超参数是在训练过程之前设置的参数，它们是不能通过训练得到的参数数据，例如支持向量机SVM的核函数、惩罚系数等，神经网络模型中的隐藏层的层数、学习效率等，决策树中的深度等。表4-1示例了几个常用算法的模型参数和模型超参数。

表4-1 几种常用算法的模型参数和模型超参数示例

模型（算法）	模型参数示例	模型超参数示例
决策树	✧ 用于分支的输入特征（代表内部节点） ✧ 代表每个节点用于分支的输入变量的阈值	● 每个节点包含的样本数 ● 剪枝策略
随机森林	✧ 每棵树内用于分支的输入特征（代表内部节点） ✧ 每棵树内代表每个节点用于分支的输入变量的阈值	● 决策树个数 ● 每棵树内每个节点包含的样本数
支持向量机SVM	✧ 支持向量 ✧ 每个支持向量的拉格朗日算子	● 选择的核函数 ● 多项式核函数的次数 ● 正则化常量C
神经网络	相邻两层中神经元之间的连接权重	● 隐藏层层数 ● 每个隐含层中神经元个数 ● 数据集使用次数（epochs） ● 学习效率
K最近邻	------	● 最近邻样本数量K ● 最近邻点的权重类型 ● 距离指标类型
岭回归	✧ 给定类别下输入特征值的概率$p(X_i\|C_k)$ ✧ 每个类型的先验概率$p(C_k)$	● 正则化系数 ● 是否计算截距 ● 求解器设置
基于决策桩的多目标决策	✧ 每个决策桩（单层决策树）的输入特征 ✧ 每个决策桩的阈值 ✧ 每个决策桩的权重	● 迭代次数 ● 是否需要重采样

我们知道，模型选择的目标是在一个模型集合A中寻找泛化能力最大的一个模型。

在解决实际问题时，由于计算资源限制或效率要求，一般不可能测试模型集合A中所有可能的模型。更为常见的方式是：给定一种模型$A1$，一个对应的超参数空间λ和数据集D，首先寻找一个超参数的组合λ^*，使得模型具有最大的泛化能力；然后以此超参数组合λ^*为基础，在数据D上进行模型训练，构建出的模型就是满足要求的模型$A1^*$。这样，模型选择的问题就转换为寻找特定超参数组合的问题。

本章将要讲述的交叉验证就是一种有效地使模型具有最佳泛化能力的超参数组合的方法。

4.1 交叉验证评估器

4.1.1 交叉验证

交叉验证CV（Cross Validation）是一种广泛使用的重采样（resampling）技术，是一种统计方法，常用于评估一个预测模型的泛化能力（应用于新数据的能力），以防止过拟合的发生。

顾名思义，交叉验证的意思就是同一部分数据在不同步骤中既可以用于训练模型，也可以用于验证模型，即可以交叉使用。通常的做法是把初始训练集数据划分成K组，它们可以组合成不同的训练集和验证集，用训练集来训练模型，用验证集来评估模型的预测能力。这种方法可以得到多组不同的训练集和验证集，某次训练集中的某个样本有可能成为下次某个验证集中的样本，即所谓“交叉”。注意：交叉验证只是发生在模型构建阶段。

如图4-1示意性地展示了交叉验证中训练数据的使用方式，图中FOLD 1、FOLD 2、…、FOLD 5表示第一组、第二组、…、第五组数据，即把训练数据集分成了五组，或称为五折（K=5）。

交叉验证可以用于超参数调优、特征选择等方面，实现的方法也有多种，包括K折交叉验证、留一法LOOCV、分层交叉验证等。下面我们以K折交叉验证方法概述一下交叉验证的步骤：

① 把所有训练数据划分为K组（如K=5）；

② 设置模型超参数的初始值；

③ 选定第i组数据（i=1～K）作为验证集，其他（K−1）组数据一起组成训练集；

④ 使用训练集，并（随机）初始化模型参数，进行模型构建；

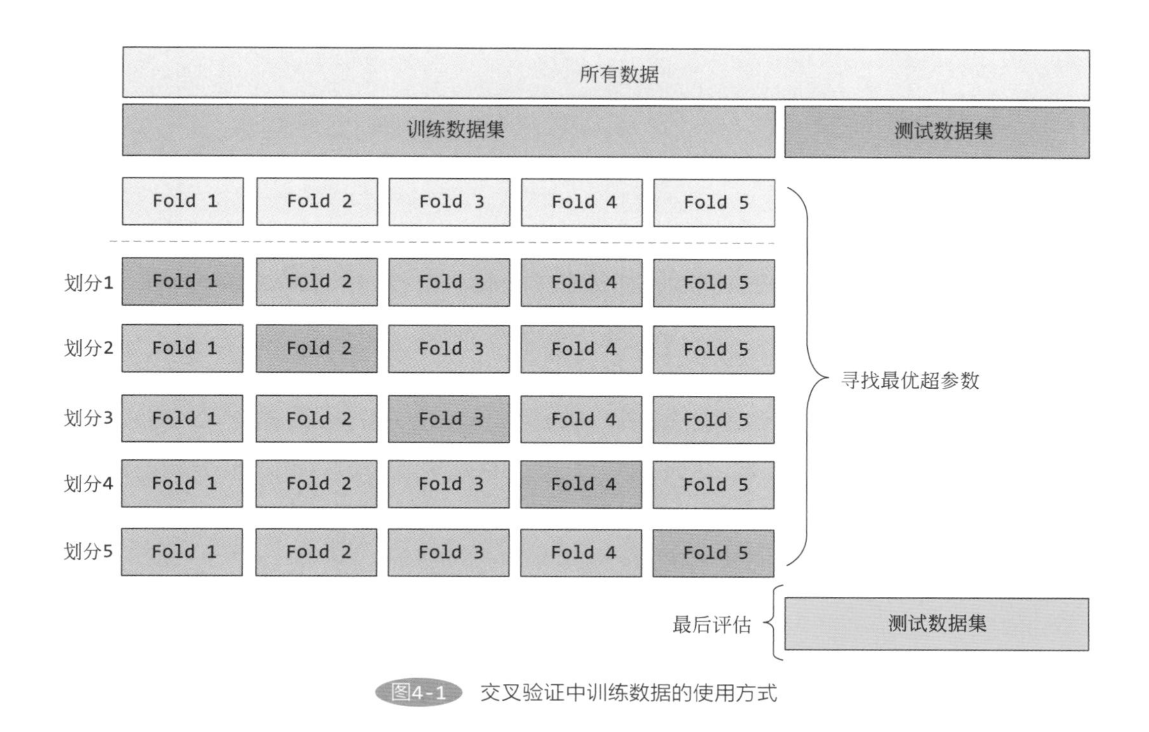

图4-1 交叉验证中训练数据的使用方式

⑤ 基于验证集，对构建的模型进行验证评估，获得并记录评估结果（主要指性能指标，如准确度、查全率、查准率等），无需保留此次构建的模型；

⑥ 跳回步骤③，循环③～⑤步骤；

⑦ 这样共进行了K次“训练-验证”，获得K次评估结果。计算这K次评估结果的平均指标，判断平均指标是否满足期望：如果满足，说明设置的模型超参数是合适的，则进入下一个步骤；如果不满足，则跳回步骤②，重新设置模型的超参数，继续循环③～⑦步骤。

⑧ 到了这一步，说明已经获得了合适的模型超参数。使用这个合适的超参数，以所有K组数据组成一个完整的训练数据集，并进行模型训练，以便构建一个用于测试集的模型。至此，使用交叉验证方式构建模型的步骤结束。后面的步骤就是模型测试评估阶段了。

在极端情况下，在交叉验证过程中，如果一直没有满足期望性能的模型，则应该考虑更换其他模型了。

除了上面通过第⑦步骤确定模型超参数外，还有一种确定超参数的方法：从一个模型超参数的列表中，选择K次评估结果的平均指标中最好的一个对应的超参数值作为最佳的模型超参数。

从交叉验证的过程可以看出，交叉验证的计算量很大。但是它循环利用了所有的原始训练数据集作为测试集（训练过程中的验证集），最大限度地做到了无偏估计，能够很好地提升模型的泛化（普适）能力。所以，交叉验证也称为循环估计，或旋转估计（rotation estimation）。

4.1.2 交叉验证生成器

在Scikit-learn中，交叉验证生成器（cross validation generators）是一个类族，能够把一个数据集分割成一个训练子集和验证子集的序列，用于交叉验证。Scikit-learn提供了多种交叉验证生成器，例如KFold()、StratifiedKFold()、GroupKFold()等，它们均属于sklearn.model_selection模块。每种交叉验证生成器都提供了一个split()方法，它可以把一个数据集进行分割，获得交叉验证流程中每次迭代所需的训练、验证数据集的索引。所以，交叉验证生成器也称为交叉验证迭代器（cross validation iterators）。

表4-2列出了sklearn.model_selection模块中实现的交叉验证生成器。

表4-2 Scikit-learn中的交叉验证生成器

序号	交叉验证生成器	说明
1	GroupKFold()，分组K折交叉验证器	与K折交叉验证一样，但是能够保证属于同一组的样本数据不会被拆分出现在两个或多个组中。 注：这种方法可以按照需求进行自定义划分
2	GroupShuffleSplit()，分组随机排列交叉验证器	与随机排列交叉验证一样，但是能够保证属于同一组的样本数据不会被拆分出现在两个或多个组中。 注：这种方法可以按照需求进行自定义划分
3	KFold()，K折交叉验证器	把数据集分成K组，每次迭代使用其中的K-1组作为训练集，剩余的1组用于验证测试。 注：这种方法是按照数据集中样本顺序进行K折划分
4	LeaveOneGroupOut()，留一组交叉验证器	根据自定义分组信息对数据集进行训练子集和验证子集的划分，并且只保留一组作为验证子集。 注：分组信息可以包含特定领域信息，以实现个性化的交叉验证。例如可以根据样本收集的日期进行分组，这样可以实现基于日期的样本划分
5	LeavePGroupsOut()，留P组交叉验证器	与留一组交叉验证类似，唯一区别是每次迭代以P组作为验证子集
6	LeaveOneOut()，留一交叉验证。也称为广义交叉验证器	每次迭代只留下一个样本做测试子集，其他样本作为训练子集。如果原始数据集有N个样本，那么每个样本单独作为验证集，其余的N-1个样本作为训练集，所以会迭代N次，生成N个模型。 注：留一交叉验证计算烦琐，但样本利用率最高，适合于小样本的情况
7	LeavePOut()，留P交叉验证器	与留一交叉验证类似，唯一区别是每次迭代以P个样本作为验证子集
8	PredefinedSplit()，预定义交叉验证器	按照预先制定的划分方案（由参数test_fold指定）进行训练子集和验证子集的划分。 注：参数test_fold为形状shape为(n_samples,)的数组，当第i个元素test_fold[i]=-1时，则其对应的样本会被排除在验证子集之外

续表

序号	交叉验证生成器	说明
9	RepeatedKFold()，重复K折交叉验证器	重复指定次数的K折交叉验证。应用于需要运行多次K折交叉验证，且每次返回不同数据集划分的情况
10	RepeatedStratifiedKFold()，重复分层K折交叉验证器	重复指定次数的分层K折交叉验证。应用于需要运行多次分层K折交叉验证，且每次有不同的随机初始化的情况
11	ShuffleSplit()，随机排列交叉验证器	首先对数据集中样本顺序进行随机排序（打散），然后划分为给定比例的训练子集和测试子集。 注：与其他交叉验证策略不同，ShuffleSplit()这种随机划分方法不能保证所有数据分组都是不同的
12	StratifiedKFold()，分层K折交叉验证器	与K折交叉验证一样，但是在每一组数据中保持了目标变量的分布。 注：这种方法适用于非平衡数据集，能够确保训练数据集和验证集中各个类别（标签）样本的比例与原始数据集中相同。适合于目标变量是分类变量的情况
13	StratifiedShuffleSplit()，分层随机排列交叉验证器	与随机排列交叉验证一样，但是在每一组数据中保持了目标变量的分布。 注：这种方法能够确保训练数据集和验证集中各个类别（标签）样本的比例与原始数据集中相同。适合于目标变量是分类变量的情况
14	TimeSeriesSplit()，时间序列交叉验证器	对时序数据进行测试集和测试集划分。在每一次划分中，测试集的索引号必须大于前一次划分的测试集的索引号。是KFold()的变体

交叉验证生成器（方法）：

① check_cv() 快速构建交叉验证器的方法；

② train_test_split() 把原始数据集划分为训练集和测试集两部分。

下面以K折交叉验证生成器KFold()为例说明各种交叉验证生成器的使用方法。在KFold()的返回结果中，前（n_samples%n_splits）折具有相同的样本个数，为n_samples//n_splits+1，其他折的样本个数为n_samples//n_splits。其中n_samples为数据集中样本个数。而“%”“//”分别为Python的取余数运算符和整数除法运算符。

KFold()的声明如下：

sklearn.model_selection.KFold（n_splits=5, *, shuffle=False, random_state=None）

其中：

✧ n_splits：表示把数据集分成n_splits组，必须大于等于2。表示当执行KFold的split()函数后，数据集被分成n_splits组，其中（n_splits-1）组为训练数据集，1组为验证数据集。

✧ shuffle：指定在进行划分训练数据集前，是否对训练数据集进行随机排序。

◇ random_state：当shuffle设置为True时，用于控制随机索引的生成顺序。若设置为一个整数，则每次随机顺序将是相同的，即意味着输出结果是可重复产生的。

KFold的函数split()的功能是K折划分训练数据集和验证数据，它返回的结果是一个生成器（generator，一种迭代器）。在下面的例子中，使用了系统自带的糖尿病数据集。请看代码（KFold.py）：

```
1.
2.  # 寻找最优超参数
3.  import numpy as np
4.  from sklearn import datasets
5.  from sklearn.model_selection import KFold
6.  from sklearn.linear_model import Ridge
7.  import sklearn.metrics as metrics
8.  from sklearn.model_selection import train_test_split
9.
10. print("使用KFold()，寻找最优超参数")
11. print("*"*30)
12. # 导入糖尿病数据
13. diabetes_Bunch = datasets.load_diabetes()
14. X = diabetes_Bunch.data
15. y = diabetes_Bunch.target
16. X_train, X_test, y_train, y_test = train_test_split(X, y, test_
    size=0.33, random_state=42)
17.
18. kfold = KFold(n_splits=7, shuffle=True, random_state=0)
19.
20. # 岭参数集合
21. alphaSet = [0.001, 0.005, 0.01, 0.1, 1, 10, 100]
22. result_scores = []
23.
24. for alpha in alphaSet:
25.   R2_scores = []
26.
27.   for train, validate in kfold.split(X_train,y_train):
28.     ridgeRegr = Ridge(alpha = alpha)  # 创建岭回归模型
29.     ridgeRegr.fit(X_train[train],y_train[train])  # 拟合模型
30.
31.     y_pred_val = ridgeRegr.predict(X_train[validate])  # 预测
32.     y_test_val = y_train[validate]
33.     # 计算拟合优度指标
34.     R2 = metrics.r2_score(y_test_val, y_pred_val)
35.     R2_scores.append( R2 )
36.   # end of for k ...
```

```
37.
38.     result_scores.append( np.mean(R2_scores) )  # 添加拟合优度均值
39.     print("alpha = %7.3f" %(alpha), ",R2 = ",np.mean(R2_scores))
40.     print("-"*30)
41. # end of for alpha loop ...
42.
43. # 这里以拟合优度指标均值最大时对应的岭参数alpha为最优超参数
44. r2_Max = max(result_scores)
45. iIndex = result_scores.index(r2_Max)
46. bestAlpha = alphaSet[iIndex]
47. print("最好的评分 ：", r2_Max)
48. print("最佳的alpha ：", bestAlpha)
49.
50. # 此时，可以设置alpha=bestAlpha，训练最后的模型
51. print("\n使用最佳超参数alpha和全部训练数据构建模型：")
52. bestRidge = Ridge(alpha = bestAlpha)
53. bestRidge.fit(X_train, y_train)  # 以全部训练数据集拟合模型
54. print(bestRidge)
55.
56. y_pred = bestRidge.predict(X_test)  # 对测试数据进行预测
57. # 计算最后的拟合优度指标
58. R2 = metrics.r2_score(y_test, y_pred)
59. print("最后的模型指标：", R2)
60.
```

运行后，输出结果如下：

```
1.  使用KFold()，寻找最优超参数
2.  ******************************
3.  alpha =   0.001 ,R2 =  0.4666826971915407
4.  ------------------------------
5.  alpha =   0.005 ,R2 =  0.46717542414217383
6.  ------------------------------
7.  alpha =   0.010 ,R2 =  0.46736686141044675
8.  ------------------------------
9.  alpha =   0.100 ,R2 =  0.466816722598349
10. ------------------------------
11. alpha =   1.000 ,R2 =  0.3697563228248995
12. ------------------------------
13. alpha =  10.000 ,R2 =  0.10722961592261628
14. ------------------------------
15. alpha = 100.000 ,R2 =  0.006167043894630012
16. ------------------------------
17. 最好的评分  ：  0.46736686141044675
18. 最佳的alpha ：  0.01
19.
20. 使用最佳超参数alpha和全部训练数据构建模型：
21. Ridge(alpha=0.01)
```

```
22. 最后的模型指标： 0.5084083488977782
```

在Scikit-learn中，更为常用的使用交叉验证器的方式是作为一个参数传入到具有交叉验证功能的模型（评估器）中使用的。我们将在后续的内容中体现这种使用交叉验证器的方式。

除了模型超参数调优外，交叉验证还可以用来预估模型的稳定性，即一个模型在新数据上的表现。例如通过7折交叉验证，将一个数据集划分为7份，可以训练7个中间模型。这7个模型除了训练集和测试集不同外，其他的参数都相同，这样我们可以得到7个模型的评估指标（例如分类的准确率，或者回归的均方误差）。然后计算7个模型评估指标的方差（或标准差），如果方差较小，则说明模型是稳定的，泛化性比较好，同时数据集也是比较可靠的。我们可以确信，通过在整个数据集上训练构建的模型，也将是稳定、可靠的。反之，如果7个模型评估指标的方差比较大，则说明划分数据中有一份或多份数据可能来自不同的分布，我们将不能从整个数据集中获得良好的模型，需要重新考虑数据集或模型。

4.1.3 使用交叉验证

在Scikit-learn中，模块sklearn.model_selection为开发者提供了三个便捷地使用交叉验证的工具方法：cross_validate()、cross_val_score()和cross_val_predict()，含义分别如下：

✧ cross_validate()：通过交叉验证方式计算模型各种度量指标。它的返回结果可以包括分别对训练集和验证集（测试集）的度量指标，也可以返回训练和评分所用的时间。

✧ cross_val_score()：通过交叉验证方式计算各种模型度量指标。与cross_validate()不同的时，每次只计算并返回一个度量指标。它的返回结果是一个包含基于测试数据集（验证集）的度量指标的一维数组。

✧ cross_val_predict()：对每个输入样本通过交叉验证方式计算预测值。在交叉验证过程中，每个样本数据正好属于某一个测试集，对它进行预测所使用的评估器是基于对应的训练数据集进行拟合训练的。所以，它的返回结果是一个形状为输入数据个数的一维数组。

由于这三个方法的参数非常接近，所以这里只针对cross_validate()进行介绍。

方法cross_validate()提供了通过交叉验证方式评估模型指标的得分（可以设置同时输出多种评分），我们可以通过对这些的分值的分析评价一个模型的好坏，进而实施模型选择。表4-3详细说明了这个方法。

表4-3 cross_validate()方法

<table>
<tr><td>名称</td><td colspan="2">sklearn.model_selection.cross_validate</td></tr>
<tr><td>声明</td><td colspan="2">cross_validate(estimator, X, y=None, *, groups=None, scoring=None, cv=None, n_jobs=None, verbose=0, fit_params=None, pre_dispatch='2*n_jobs', return_train_score=False, return_estimator=False, error_score=nan)</td></tr>
<tr><td rowspan="6">参数</td><td>estimator</td><td>必选。实现了fit()方法的评估器对象</td></tr>
<tr><td>X</td><td>必选。形状shape为(n_samples, n_features)的类数组对象，包含了拟合所需的数据，传递给评估器estimator的fit()方法</td></tr>
<tr><td>y</td><td>可选。形状shape为(n_samples,)或(n_samples, n_outputs)的类数组对象，包含了有监督学习算法需要的目标变量值。
默认值为None</td></tr>
<tr><td>groups</td><td>可选。形状shape为(n_samples,)的类数组对象，包含了样本分组的标签值。仅用于分组交叉验证，例如GroupKFold、GroupShuffleSplit等。
默认值为None</td></tr>
<tr><td>scoring</td><td>可选。可以是一个字符串，或者具有评分功能的可回调函数(对象)，或者一个列表对象，或者一个元组对象，或者一个字典，表示在测试数据集上验证模型优劣的策略。
如果表示单一评分，scoring可以是：
（1）一个字符串。此时表示一个预定义的代表某一个度量指标。
（2）一个可回调函数(对象)。此对象必须是一个返回单一度量值的对象。
如果表示多个评分，scoring可以是：
（1）一个列表对象或元组对象。此时它们有多个独立的字符串组成。每个字符串表示一个预定义的度量指标。
（2）一个可回调函数（对象）。此对象必须返回一个字典对象，其中字典的键名称是度量指标的名称，值为指标值。
（3）一个字典对象。此时字典的键名称是度量指标的名称，值为一个可返回单一度量指标值的可回调函数（对象），或者预定义字符串。
默认值为None，表示使用评估器estimator的score()函数。
注：关于这个参数的具体取值，我们将在下一节详细介绍</td></tr>
<tr><td>cv</td><td>可选。一个正整数，或者一个交叉验证生成器，或者一个可回调函数（对象），指定计算过程中使用的交叉验证方法。
(1) 如果是一个正整数，表示使用指定折数的交叉验证KFold()或分层交叉验证StratifiedKFold()。如果评估器estimator是一个分类评估器，则使用StratifiedKFold()；否则使用KFold()。
(2) 如果是一个交叉验证生成器，则使用指定交叉验证生成器。
(3) 如果是一个可回调函数（对象），则是一个返回测试集和验证集（测试集）索引的生成器（带有yield语句）。
默认值为None，相当于设置值为5的正整数，即使用5折交叉验证</td></tr>
</table>

续表

<table>
<tr><td rowspan="9">参数</td><td>n_jobs</td><td>可选。一个整数值或None，表示计算过程中所使用的最大并行计算任务数（可以理解为线程数量）。其中：
当n_jobs>1时，表示最大并行任务数量；
当n_jobs=1时，表示使用1个计算任务进行计算（即不使用并行计算机制，这在调试状态下非常有用），除非joblib.parallel_backend指定了并行运算机制；
当n_jobs=-1时，表示使用所有可以利用的处理器（CPU）进行并行计算；
当n_jobs<-1时，表示使用n_jobs+1个处理器（CPU）进行并行处理。例如n_jobs=-2表示使用处理器数减1个处理器进行并行计算，-3表示使用处理器数减2个处理器进行并行计算，依次类推。
默认值为None，相当于n_jobs=1。
注：Scikit-learn使用joblib包实现代码的并行计算</td></tr>
<tr><td>verbose</td><td>可选。一个整数值，用来设置输出结果的详细程度。
默认为0，表示不输出运行过程中的各种信息</td></tr>
<tr><td>fit_params</td><td>可选。一个字典对象，包含了传递给评估器estimator用于调用fit()函数的参数。
默认值为None，表示不传递任何额外参数，也就是评估器estimator的fit()函数使用自己默认的参数</td></tr>
<tr><td>pre_dispatch</td><td>可选。可以是一个整数，或者一个字符串，或者None，用于控制并行工作数量。这有助于避免内存使用，以防并行工作数量超过CPU的能力。
(1)如果是一个整数，指定产生的工作数量；
(2)如果是一个字符串，指定了一个参数n_jobs的表达式；
(3)如果为None，表示不做任何限制。
默认值字符串"2*n_jobs"</td></tr>
<tr><td>return_train_score</td><td>可选。一个布尔值，表示是否包含每次划分训练模型时的评分。训练评分有助于深入了解参数配置对过拟合/欠拟合的影响，但是会加大计算量。另一方面，这些评分对选择最佳模型作用并不大。
默认值为False</td></tr>
<tr><td>return_estimator</td><td>可选。一个布尔值，表示是否返回每次划分对应的拟合(训练)模型。
默认值为False</td></tr>
<tr><td>error_score</td><td>可选。可设置为"raise"，或者一个数值，指定当评估器estimator拟合过程中出现异常错误时应返回的评分值。
(1)如果设置为"raise"，则触发错误机制；
(2)如果设置为一个数值，则触发sklearn.exceptions.FitFailedWarning异常。
默认为numpy.nan</td></tr>
<tr><td colspan="2">返回值</td><td>值为浮点数值数组的字典对象，其形状shape为(n_splits,)，n_splits为交叉验证划分的组数。结果中的数组可以包含了如下值：
（1）评估器对每次划分中测试集(验证集)的评分值；
（2）评估器对每次划分中训练集的评分值。仅在return_train_score=True才有效；
（3）评估器针对每次划分进行在训练数据集上拟合所用的时间；
（4）评估器针对每次划分进行在测试数据集上评分所用的时间。注意，本函数不会返回对训练数据集上评分的时间，即使return_train_score设置为True；</td></tr>
</table>

续表

返回值	（5）每次划分对应拟合后的评估器。仅在return_estimator设置为True时才有效。 结果字典对象中的键名称如下： （1）"test_score"：表示针对每次划分，评估器在测试集上的评分。注意：后缀"_score"对应着参数scoring中的指标名称。如果scoring是一个列表或元组对象，则指标名称就是元素名称；如果scoring是一个词典对象，则指标名称就是键名称。例如："test_r2" "test_auc" "test_myscore"等。对于单一指标，默认的指标名称是"_score"。 如果scoring设置为None，则指标返回的键名称就是"test_score"。 （2）"train_score"：表示针对每次划分，评估器在训练集上的评分。注意：后缀"_score" 对应着参数scoring中的指标名称。如果scoring是一个列表或元组对象，则指标名称就是元素名称；如果scoring是一个词典对象，则指标名称就是键名称。例如："train_r2" "train_auc" "train_myscore"等。对于单一指标，默认的指标名称是"_score"。注意：这个分数只有在参数return_train_score设置为True时才返回。 （3）"fit_time"：表示针对每次划分，评估器在训练集上的训练时间。 （4）"score_time"：表示针对每次划分，评估器在测试集上的评分所用时间。注意：不会返回评估器在训练集上的评分时间。 （5）"estimator"：对应于每次划分的拟合后的评估器。注意：只有在return_estimator设置为True时才有效

下面示例基于系统自带的糖尿病数据，构建Lasso线性回归模型，使用交叉验证获取不同指标数据。在例子中两次使用了cross_validate()方法，第一次中参数scoring使用了默认值，表示每次划分返回单一指标，这里是线性回归的决定系数（拟合优度）R^2，即Lasso回归模型score()方法的返回值；第二次中参数scoring设置了计算两个指标。请看代码（cross_validate.py）：

```
1.
2.  from sklearn import datasets, linear_model
3.  from sklearn.model_selection import cross_validate
4.
5.  # 导入系统自带的糖尿病数据集，构建Lasso线性回归模型
6.  diabetes = datasets.load_diabetes()
7.  X = diabetes.data[:150]
8.  y = diabetes.target[:150]
9.  lasso = linear_model.Lasso()
10.
11. # 应用交叉验证，获取不同指标数据
12. #1 scoring使用默认值None，表示使用lasso模型的默认score()函数
13. # 这将返回一个指标，这里是线性回归的决定系数(拟合优度)R2
14. print("参数scoring为默认值，且交叉验证设置为3组。")
15. cv_result1 = cross_validate(lasso, X, y, cv=3)
16.
17. # 输出返回结果
```

```
18. for key ,value in cv_result1.items():
19.   print("%28s : %.128s" %(key, value))
20. print("- "*33, "\n")
21.
22. #2 这里设置参数scoring为多个指标的情况
23. print("参数scoring设置计算多个指标，且交叉验证设置为4组。")
24. cv_result2 = cross_validate(lasso, X, y, cv=4,
25.                 scoring=('r2', 'neg_mean_squared_error'),
26.                 return_train_score=True)
27.
28. # 输出返回结果
29. for key ,value in cv_result2.items():
30.   print("%28s : %.128s" %(key, value))
31. print("- "*33)
32.
```

上述代码运行后，输出结果如下（请读者注意键名称）：

```
1.  参数scoring设置为默认值，且交叉验证设置为3组。
2.                  fit_time :  [0.          0.00102735 0.00100064]
3.                score_time :  [0. 0. 0.]
4.                test_score :  [0.33150734 0.08022311 0.03531764]
5.  - - - - - - - - - - - - - - - - - - - - - - - - - - - - - - - - -
6.
7.  参数scoring设置计算多个指标，且交叉验证设置为4组。
8.                  fit_time :  [0.          0.          0.00099754 0.00099707]
9.                score_time :  [0.          0.00099683 0.          0.         ]
10.                  test_r2 :  [ 0.3392459   0.12286347  0.16482017 -0.04610521]
11.                 train_r2 :  [0.29177858 0.35449689 0.38995421 0.20300574]
12.  test_neg_mean_squared_error :  [-3638.05718248 -3595.11354697 -3878.13098976 -
    6455.97295283]
13. train_neg_mean_squared_error :  [-4047.7288045  -3850.01747559 -3592.51190783 -
    3855.59792991]
14. - - - - - - - - - - - - - - - - - - - - - - - - - - - - - - - - -
```

在本书后面的例子中，我们也会遇到方法cross_val_score()。cross_val_score()除了参数只能设置为一个度量指标外，两者基本相同。实际上，cross_val_score()是对cross_validate()的调用，在cross_val_score()实现的源代码中，有如下代码片段：

```
1.  # To ensure multimetric format is not supported(确保只传入一个度量指标)
2.  scorer = check_scoring(estimator, scoring=scoring)
3.
4.  cv_results = cross_validate(estimator=estimator, X=X, y=y, groups=groups,
5.              scoring={'score': scorer}, cv=cv, n_jobs=n_
    jobs, verbose=verbose,
6.              fit_params=fit_params, pre_dispatch=pre_dispatch, error_
    score=error_score)
7.
```

```
8.    return cv_results['test_score']
```

从这段代码可以很清楚地看出，除了参数scoring只能接受单一度量指标以及返回结果cv_results中键名称“test_score”部分外，cross_val_score()的其他部分与cross_validate()相同。

注：此处参数scoring设置的是只有一个键值对的字典对象。其键名称（即返回指标名称）为“score”，也就是说，cross_val_score()永远返回键名称为“test_score”的评分值。

4.2 度量指标和评估（评分）

度量指标可以量化模型的性能。在Scikit-learn中，有四种方式评估一个模型的性能：

（1）评估器本身的评分函数：大多数评估器都带有一个评分函数score()，它提供了一个评价模型性能的标准。

（2）评分参数：在使用交叉验证方式评估和验证模型的工具中，例如GridSearchCV和cross_validate等，都提供了一个控制评价模型的评分参数scoring，用来设置评估模型时所使用的度量指标。这个参数既可以设置为一个预定义字符串，指定某个评价指标，或者设置为一个列表对象，指定多个评价指标，也可以设置为一个返回评分的可回调函数。这些设置都统称为评分器（scorer）。

（3）独立的评分函数：针对任务性质的不同，如分类、回归、聚类等，模块sklearn.metrics实现了有针对性的评价指标。

（4）DummyClassifier（哑分类评估器）和DummyRegressor（哑回归评估器）：这是两个特殊的评估器，均来自模块sklearn.dummy。它们对分类或回归模型的评价指标提供了一个对应的基线值（参考值），通常是基于经验法则获取的，例如：分类问题中的出现频率最高的类别、类别先验概率等，回归问题中的均值、中位数等。

在上述四种方式中，第一种方式是评估器本身的能力，这里不做赘述。第三种方式是针对分类、多标签分类以及回归和聚类等问题，模块sklearn.metrics提供了不同的评分函数，例如计算ROC的方法roc_curve()、计算可解释方差的方法explained_variance_score()等，这里也不再赘述，有意深入研究的读者建议阅读笔者编著的《Scikit-learn机器学习详解》，书中已经对各种评估器以及模块sklearn.metrics对分类、回顾等模型提供的评分函数进行了较为详细的说明。本节将对第二种和第四种方式进行说明。

4.2.1 评分参数scoring的设置

参数scoring有以下多种设置选择。它可以是：

（1）一个预定义字符串，或者包含多个预定义字符串的列表对象或元组对象；

（2）一个字典对象，其中键名称（key）代表度量指标的名称，值（value）代表可回调函数或预定义字符串；

（3）一个返回单一值的可回调函数；

（4）返回一个词典对象的可回调函数，其中键名称（key）代表度量指标的名称，值（value）代表度量指标的值（分数）。

4.2.1.1 使用预定义字符串

设置参数scoring为一个预定义字符串是最为常见的情形，如表4-4所示。表中第二列显示了参数scoring所有的可能取值；第三列展示了对应的评分函数，它们均取自模块sklearn.metrics；第四列展示了对应的make_scorer()形式。make_scorer()可以方便地生成一个专为参数scoring用的可回调函数，本节后面会详述。

在表4-4中，所有的取值遵循一个原则：返回的分数越高，模型性能越好；反之，分数越低，模型性能越差。所以，用来度量模型与数据点之间距离（误差）的指标，例如mean_squared_error，将以neg_mean_squared_error的形式出现。其中前缀neg_表示对原值取负数。这样符合分数越高，模型性能越好的原则。

表4-4 参数scoring的取值以及对应的度量指标函数和make_scorer()形式

序号	参数scoring取值	对应的度量指标函数（模块sklearn.metrics）	对应的make_scorer()形式
分类模型（Classification）			
1	accuracy	accuracy_score	make_scorer（accuracy_score）
2	average_precision	average_precision_score	make_scorer（average_precision_score, needs_threshold=True）
3	balanced_accuracy	balanced_accuracy_score	make_scorer（balanced_accuracy_score）
4	f1（目标变量为二分类）	f1_score	make_scorer（f1_score, average=binary）
5	f1_macro（宏平均）	f1_score	make_scorer（f1_score, pos_label=None, average='macro'）
6	f1_micro（微平均）	f1_score	make_scorer（f1_score, pos_label=None, average='micro'）
7	f1_samples（样本平均）	f1_score	make_scorer（f1_score, pos_label=None, average='samples'）

续表

序号	参数scoring取值	对应的度量指标函数（模块sklearn.metrics）	对应的make_scorer()形式
		分类模型（Classification）	
8	f1_weighted（加权平均）	f1_score	make_scorer（f1_score, pos_label=None, average='weighted'）
9	Jaccard（目标为二分类）	jaccard_score	make_scorer（jaccard_score, average='binary'）
10	jaccard_macro（宏平均）	jaccard_score	make_scorer（jaccard_score, pos_label=None, average='macro'）
11	jaccard_micro（微平均）	jaccard_score	make_scorer（jaccard_score, pos_label=None, average='micro'）
12	jaccard_samples（样本平均）	jaccard_score	make_scorer（jaccard_score, pos_label=None, average='samples'）
13	jaccard_weighted（加权平均）	jaccard_score	make_scorer（jaccard_score, pos_label=None, average='weighted'）
14	neg_brier_score	brier_score_loss	make_scorer（brier_score_loss, greater_is_better=False, needs_proba=True）
15	neg_log_loss	log_loss	make_scorer（log_loss, greater_is_better=False, needs_proba=True）
16	precision（目标为二分类）	precision_score	make_scorer（precision_score, average=binary）
17	precision_macro（宏平均）	precision_score	make_scorer（precision_score, pos_label=None, average='macro'）
18	precision_micro（微平均）	precision_score	make_scorer（precision_score, pos_label=None, average='micro'）
19	precision_samples（样本平均）	precision_score	make_scorer（precision_score, pos_label=None, average='samples'）
20	precision_weighted（加权平均）	precision_score	make_scorer（precision_score, pos_label=None, average='weighted'）
21	recall（目标为二分类）	recall_score	make_scorer（recall_score, average='binary'）
22	recall_macro（宏平均）	recall_score	make_scorer（recall_score, pos_label=None, average='macro'）
23	recall_micro（微平均）	recall_score	make_scorer（recall_score, pos_label=None, average='micro'）
24	recall_samples（样本平均）	recall_score	make_scorer（recall_score, pos_label=None, average='samples'）
25	recall_weighted（加权平均）	recall_score	make_scorer（recall_score, pos_label=None, average='weighted'）
26	roc_auc	roc_auc_score	make_scorer（roc_auc_score, needs_threshold=True）

续表

序号	参数scoring取值	对应的度量指标函数（模块sklearn.metrics）	对应的make_scorer()形式
		分类模型（Classification）	
27	roc_auc_ovo	roc_auc_score	make_scorer（roc_auc_score, needs_proba=True, multi_class='ovo'）
28	roc_auc_ovo_weighted	roc_auc_score	make_scorer（roc_auc_score, needs_proba=True, multi_class='ovo', average='weighted'）
29	roc_auc_ovr	roc_auc_score	make_scorer（roc_auc_score, needs_proba=True, multi_class='ovr'）
30	roc_auc_ovr_weighted	roc_auc_score	make_scorer（roc_auc_score, needs_proba=True, multi_class='ovr', average='weighted'）
31	top_k_accuracy	top_k_accuracy_score	make_scorer（top_k_accuracy_score, needs_threshold=True）
		回归模型（Regression）	
1	explained_variance	explained_variance_score	make_scorer（explained_variance_score）
2	max_error	max_error	make_scorer（max_error, greater_is_better=False）
3	neg_mean_absolute_error	mean_absolute_error	make_scorer（mean_absolute_error, greater_is_better=False）
4	neg_mean_squared_error	mean_squared_error	make_scorer（mean_squared_error, greater_is_better=False）
5	neg_root_mean_squared_error	mean_squared_error	make_scorer（mean_squared_error, greater_is_better=False, squared=False）
6	neg_mean_squared_log_error	mean_squared_log_error	make_scorer（mean_squared_log_error, greater_is_better=False）
7	neg_median_absolute_error	median_absolute_error	make_scorer（median_absolute_error, greater_is_better=False）
8	r2	r2_score	make_scorer（r2_score）
9	neg_mean_poisson_deviance	mean_poisson_deviance	make_scorer（mean_poisson_deviance, greater_is_better=False）
10	neg_mean_gamma_deviance	mean_gamma_deviance	make_scorer（mean_gamma_deviance, greater_is_better=False）
11	neg_mean_absolute_percentage_error	mean_absolute_percentage_error	make_scorer（mean_absolute_percentage_error, greater_is_better=False）
		聚类模型（Clustering）	
1	adjusted_mutual_info_score	adjusted_mutual_info_score	make_scorer（adjusted_mutual_info_score）

续表

序号	参数scoring取值	对应的度量指标函数（模块sklearn.metrics）	对应的make_scorer()形式
聚类模型（Clustering）			
2	adjusted_rand_score	adjusted_rand_score	make_scorer（adjusted_rand_score）
3	completeness_score	completeness_score	make_scorer（completeness_score）
4	fowlkes_mallows_score	fowlkes_mallows_score	make_scorer（fowlkes_mallows_score）
5	homogeneity_score	homogeneity_score	make_scorer（homogeneity_score）
6	mutual_info_score	mutual_info_score	make_scorer（mutual_info_score）
7	normalized_mutual_info_score	normalized_mutual_info_score	make_scorer（normalized_mutual_info_score）
8	rand_score	rand_score	make_scorer（rand_score）
9	v_measure_score	v_measure_score	make_scorer（v_measure_score）

注：表中宏平均、加权平均、微平均的指标适用于多分类问题，样本平均适合多标签分类问题。

宏平均（macro average）：每个类别具有相同的权重，计算不同类别的度量指标（如准确率）的平均值，并以此平均值作为评估多分类模型性能的综合度量指标。这种基于“类别”层次的指标计算方式称为“宏平均”，对应的指标称为宏准确率、宏召回率、宏F1值等。

加权平均（weighted average）：计算方式与宏平均类似，但是考虑了数据集合中类别的不平衡。在计算综合度量指标时，以每个类别出现的频率作为类别的权重计算综合度量指标。所以，也可以称为“加权宏平均”。

微平均（micro average）：与宏平均不同的时，不是对每个类别的度量指标（如准确率）求和，而是先分别进行每个类别进行度量指标的除数求和，每个类别度量指标的被除数求和，然后再计算商（综合平均值），并以此商作为评估多分类模型性能的综合度量指标。这种方式称为“微平均”，对应的指标称为微准确率、微召回率、微F1值等。

样本平均（samples average）：仅适用于多标签分类模型。首先按照每个实例计算度量指标，然后计算平均值作为评估模型性能的综合度量指标。

实际上，模块sklearn.metrics的属性SCORERS（一个字典对象）包含了上述所有的度量指标。通过下面简单的代码可以获取上述度量指标（SCORERS.py）：

```
1.
2.  import sklearn.metrics as metrics
3.
4.  mtrcs = metrics.SCORERS
5.  print(type(mtrcs))
6.
7.  for key ,value in mtrcs.items():
8.    print("%34s : %.128s" %(key, value))
9.  print("- "*33, "\n")
10.
```

下面我们以方法cross_val_score()为例，说明通过设置参数scoring，寻找最佳超参数。在本例中还以图形方式展示了超参数与模型准确度之间的变化关系。请看代码（cross_val_score.py）：

```
1.
2.  from sklearn.datasets import load_iris
3.  from sklearn.neighbors import KNeighborsClassifier
```

```
4.  from sklearn.model_selection import cross_val_score
5.  from matplotlib.font_manager import FontProperties
6.  import matplotlib.pyplot as plt
7.
8.  X, y = load_iris(return_X_y=True)
9.
10. # 交叉验证对参数进行选择
11. k_range = range(1,31)
12. k_accuracy = []
13. for k in k_range:    # 轮询设置参数 n_neighbors
14.     knn = KNeighborsClassifier(n_neighbors=k)    # 以 k 为最近邻个数，构建
    KNN模型
15.
16.      accuracy = cross_val_score(knn, X, y, cv=10, scoring='accuracy')
    # 分类准确度
17.     k_accuracy.append(accuracy.mean())    # 把平均值加入列表对象
18.
19. # 寻找最好的 K(超参数)
20. accuracy_Max = max(k_accuracy)
21.
22. # 获取第一个等于最好准确率的 K 值 索引
23. #iIndex = k_accuracy.index(accuracy_Max)
24. # 获取所有等于最好准确率的 K 值 索引
25. iIndexes = [idx for idx, x in enumerate(k_accuracy) if x==accuracy_
    Max]
26.
27. # 获取所有等于最好准确率的 K 值
28. bestK  = [ k_range[idx] for idx in iIndexes ]
29. # 构建KNeighborsClassifier模型时，就可以设置n_neighbors=bestK[]
30. # 此处略
31.
32. # 绘制K值与准确率之间的关系图
33. fig = plt.figure(figsize=(8,6))    # 设置当前figure的大小。
34. fig.canvas.manager.set_window_title("交叉验证示例")  # Matplotlib >= 3.4
35. #fig.canvas.set_window_title("交叉验证实例")  # Matplotlib < 3.4
36.
37. ### 构建一个字体对象，以使 matplotlib.pyplot 支持中文
38. font = FontProperties(fname='C:\\Windows\\Fonts\\SimHei.ttf', size=12)
39.
40. plt.plot(k_range, k_accuracy)  # 在当前子图中绘制执折线
41. plt.title("K值与交叉验证准确度关系(最佳K=" +str(bestK)+")", fontproperties=
    font)
42. plt.xlabel("KNN算法的K值", fontproperties=font)
43. plt.ylabel("交叉验证准确度", fontproperties=font)
44.
45. plt.show()
46.
```

运行后，输出的图形如图4-2所示。

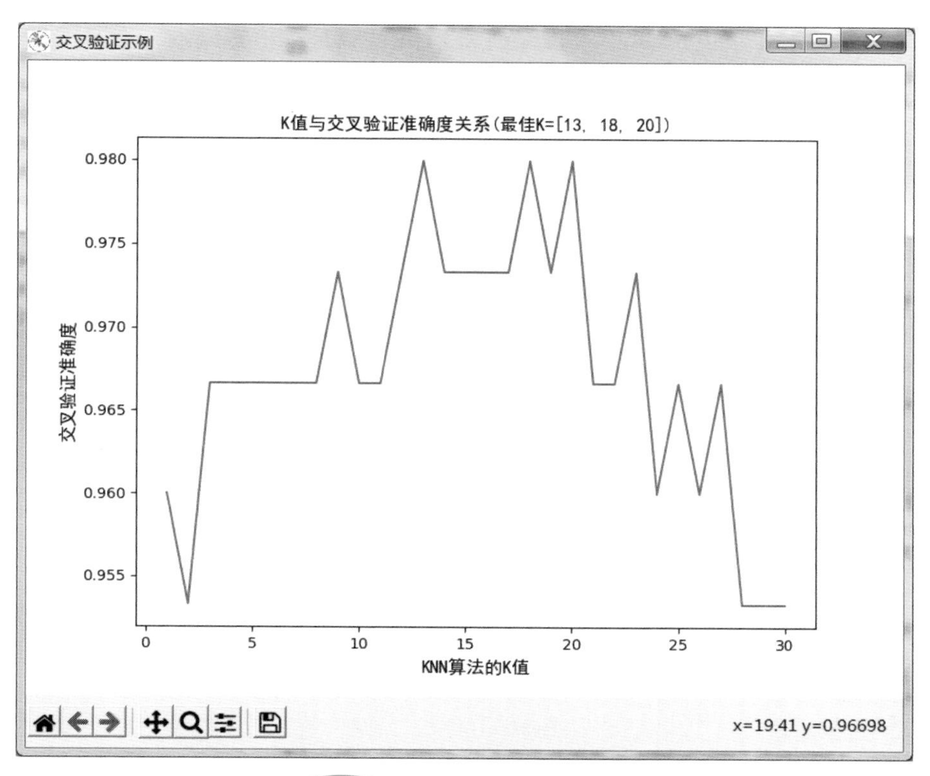

图4-2 交叉验证寻找最佳超参数

从图中可以看出，在*K*取值为13、18、20时，准确率会达到最高。在解决实际问题时，我们可以按照具体情况，选择其中一个作为超参数n_neighbors的取值进行模型构建。

4.2.1.2 使用自定义评分器

在表4-4中的第二列、第三列可以看出，应用于参数scoring的预定义字符串都有一个对应的度量指标函数，例如预定义字符串“accuracy”对应指标函数sklearn.metrics.accuracy_score()、预定义字符串“explained_variance”对应指标函数sklearn.metrics.explained_variance_score()等。虽然如此，参数scoring不能直接设置为这些指标函数，只能通过对应的预定义字符串来设置。

不过，在有些情况下，预定义字符串形式不能够满足要求。例如，有很多需要指定额外参数的指标函数，如sklearn.metrics.fbeta_score()，除了y_true、y_pred这两个隐含的直接传入的参数外，它还需要一个必选的参数beta，这种指标函数就没有对应的预定义字符串，需要把它们转换为评分器才能被参数scoring使用，此时，就需要方法make_scorer()的协助将其转换为评分器。其形式如表4-4中的第四列。

在Scikit-learn中，模块sklearn.metrics有一个方法make_scorer()，它可以基于某一个预定义的性能指标函数或损失函数，也可以基于一个符合形式的自定义函数，创建一个评分器，然后这个评分器通过参数scoring可以用在通过交叉验证方式评估和验证模型的方法中，例如GridSearchCV()、cross_val_score()、cross_validate()等。方法make_scorer()的详细介绍如表4-5所示。

表4-5 基于性能指标构建评分器的方法make_scorer()

名称	sklearn.metrics.make_scorer	
声明	make_scorer(score_func, *, greater_is_better=True, needs_proba=False, needs_threshold=False, **kwargs)	
参数	score_func	必选。一个可回调评分函数，或者损失函数，须具有参数(y, y_pred, **kwargs)
	greater_is_better	可选。一个布尔值，指定score_func的返回值是否越大越好。 默认值为True，表示越大越好
	needs_proba	可选。一个布尔值，指定score_func是否需要实现predict_proba（对分类模型）。 默认值为False
	needs_threshold	可选。一个布尔值，指定是否score_func带有一个连续型的决策方法。 这仅适用于二分类问题，且具有决策函数decision_function()或predict_proba()方法的评估器。 默认值为False
	kwargs	可选。额外的参数。 传递给score_func的额外参数
返回值		一个可回调函数（对象）。这个函数将返回一个标量值，评价模型好坏的分数

关于needs_proba和needs_threshold的取值关系如下：

◇ 如果needs_proba=False，且needs_threshold=False，则评分函数score_func将接收评估器的方法predict()的返回值；

◇ 如果needs_proba=True，则评分函数score_func将接收评估器的方法predict_proba()函数的返回值（对于二分类问题的目标变量，是指正例类别的概率）；

◇ 如果needs_threshold=True，则评分函数score_func将接收评估器的方法decision_function()的返回值。

前面说过，方法make_scorer()可以通过一个预定义的性能指标函数或损失函数创建评分器，也可以通过一个符合形式的自定义函数创建评分器。下面我们分别介绍这两种方式。

1）基于预定义指标函数的评分器

模块sklearn.metrics提供了一套预定义的度量模型预测能力的指标函数，这些函数可以作为方法make_scorer()的参数score_func的输入。这些函数一般具有如下特点：

- 以后缀_score结尾的指标函数。它们可以提供度量性能最大化的指标，这种指标越大越好；
- 以后缀_error或_loss结尾的指标函数。它们可以提供误差或损失最小化的指标，这种指标越小越好。对于这种指标函数，当设置为参数score_func的值时，需要同时设置参数greater_is_better为False。

下面我们以示例形式说明make_scorer()的使用方式。在本例中，使用了交叉验证方法cross_validate()。为了对比，对其参数scoring设置为一个词典对象。其中一个元素为常规的预定义字符串“f1_macro”，并命名为“myF1”；另一个为通过make_scorer()构建的评分器对象，以指标函数sklearn.metrics.roc_auc_score()作为参数score_func的值，并命名为“myRoc”。请看代码（make_scorer.py）：

```
1.
2.  from sklearn.datasets import load_iris
3.  from sklearn import svm
4.  from sklearn.model_selection import ShuffleSplit
5.  from sklearn.metrics import make_scorer
6.  from sklearn.metrics import roc_auc_score
7.  from sklearn.model_selection import cross_validate
8.
9.  # 导入系统自带的鸢尾花数据集(多分类问题)
10. X, y = load_iris(return_X_y=True)
11.
12. # 构建分类评估器
13. clf = svm.SVC(kernel='linear', C=1, probability=True, random_state=42)
14.
15. # 构建一个随机排列交叉验证器ShuffleSplit()对象
16. cvSfl = ShuffleSplit(n_splits=5, test_size=0.3, random_state=0)
17.
18. # 使用make_scorer()构建评分器
19. roc_Scorer = make_scorer(roc_auc_score, needs_proba=True, multi_
    class='ovo')
20. # 可以同时使用多个度量指标
```

```
21. myScore = {'myF1': 'f1_macro', 'myRoc':roc_Scorer}
22.
23. # 交叉验证：返回结果为一个词典对象
24. scores = cross_validate(clf, X, y, cv=cvSfl, return_train_
    score=True, scoring=myScore)
25.
26. # 输出每次划分对应的模型指标
27. print ("%s %6s, %s" % ("No.", "指标名称", "指标值"))
28. print("-"*74)
29. for index, scoreName in enumerate(scores):
30.   print ("%s %12s, %s" % (index + 1, scoreName, scores[scoreName]))
31. print("-"*74)
32.
```

上述代码运行后，输出结果如下：

```
1.  No.    指标名称, 指标值
2.  --------------------------------------------------------------------------
3.  1       fit_time, [0.00300002 0.00099993 0.00099993 0.00200009 0.00099993]
4.  2    score_time, [0.00399995 0.00399995 0.00399995 0.00399995 0.00300002]
5.  3     test_myF1, [0.97598344 0.97979798 1.         0.95138889 1.        ]
6.  4    train_myF1, [0.98091398 0.98005952 0.98103632 0.98146718 0.99084008]
7.  5    test_myRoc, [0.996633   1.         1.         0.99479167 1.        ]
8.  6  train_myRoc, [1.         0.99881165 0.99800638 0.99909701 0.99874309]
9.  --------------------------------------------------------------------------
```

请读者注意上述输出结果中，“指标名称”这一列中指标名称的组成，与代码第21行对比查看，读者就会发现指标名称组成的由来。

2）基于自定义函数构造的评分器

方法make_scorer()除了通过一个预定义的性能指标函数或损失函数创建评分器外，还可以通过一个符合形式的自定义函数创建评分器。这里“符合形式”是指函数的输入参数和输出结果必选满足一定的要求。

一个自定义的Python函数要想通过make_scorer()成为一个评分器，需要满足以下规范：

- 自定义函数满足定义形式：def my_custom_loss_func（y_true, y_pred, **kwargs）;
- 自定义函数或者返回一个预示越大越好的浮点数值（评分值，greater_is_better=True），或者一个预示越小越好的浮点数值（损失值，greater_is_better=False）。如果返回的是一个损失值，可以通过生成的评分器对损失值取反，使之保持正值。这样就满足交叉验证的规则：评分器的返回值越大，模型越好；

● 自定义函数明确是否需要连续决策（needs_threshold=True），仅用于分类问题；

● 自定义函数明确是否需要其他额外的参数，由kwargs指定。

在下面的例子中，我们定义了一个函数my_custom_loss_func()，这个函数有两个参数y_true和 y_pred，分别表示真实的目标值和目标的预测值，它返回两者之差的最大值。这个函数会成为make_scorer()的参数score_func值，进而构造一个评分器my_score。这样它就可以代入交叉验证计算方法cross_validate()，实现交叉验证的目的。请看代码（my_custom_scorer.py）：

```
1.
2.  import numpy as np
3.  from sklearn.model_selection import ShuffleSplit
4.  from sklearn.metrics import make_scorer
5.  from sklearn.model_selection import cross_validate
6.  from sklearn.datasets import load_diabetes
7.  from sklearn.linear_model import LinearRegression
8.
9.  # 一个自定义函数，其中kwargs表示其他额外的任何参数
10. def my_custom_loss_func(y_true, y_pred, **kwargs):
11.   diff = np.abs(y_true - y_pred).max()
12.   return np.log1p(diff)
13.
14. # 导入系统自带的糖尿病数据集(回归问题)
15. X, y = load_diabetes(return_X_y=True)
16.
17. # my_score实际上是一个可以调用的函数
18. my_score = make_scorer(my_custom_loss_func, greater_is_better=False)
19.
20. # 构建回归评估器
21. regr = LinearRegression()
22.
23. # 构建一个随机排列交叉验证器ShuffleSplit()对象
24. cvSfl = ShuffleSplit(n_splits=5, test_size=0.3, random_state=0)
25.
26. # 交叉验证：返回结果为一个词典对象
27. scores = cross_validate(regr, X, y, cv=cvSfl, return_train_score=True,
28.                         scoring=my_score)
29.
30. # 输出每次划分对应的模型指标
31. print ("%s %6s, %s" % ("No.", "指标名称", "指标值"))
32. print("-"*74)
33. for index, scoreName in enumerate(scores):
34.   print ("%s %12s, %s" % (index + 1, scoreName, scores[scoreName]))
35. print("-"*74)
```

```
36.
37. # 可以直接使用评分器my_score()
38. #regr.fit(X,y)
39. #print(my_score(regr,X,y))
40.
```

上述代码运行后，输出结果如下：

```
1.  No.    指标名称, 指标值
2.  ----------------------------------------------------------------------------
3.  1       fit_time, [0.00100017 0.         0.         0.         0.        ]
4.  2     score_time, [0. 0. 0. 0. 0.]
5.  3     test_score, [-5.10941367 -5.0790876  -4.92527152 -4.90961548 -5.00902233]
6.  4    train_score, [-4.94263237 -5.00688407 -5.10962758 -5.06011765 -5.05769361]
7.  ----------------------------------------------------------------------------
```

4.2.2 哑分类评估器和哑回归评估器

在实施有监督学习时，一个判断模型合理性的检验（靠谱检验，sanity check）方式是把评估器预测结果与某个经验法则进行比较。在Scikit-learn中，模块sklearn.dummy提供的两个哑评估器实现了基于常用经验法则的预测结果，分别是DummyClassifier（哑分类评估器）和DummyRegressor（哑回归评估器）。它们对分类或回归模型的评价指标提供了一个对应的基线值（参考值），基线值通常是基于经验规则获取的。

表4-6详细说明了哑分类评估器DummyClassifier的构造函数及其属性和方法。

表4-6 哑分类评估器DummyClassifier

名称	sklearn.dummy.DummyClassifier	
声明	sklearn.dummy.DummyClassifier(*, strategy='prior', random_state=None, constant=None)	
参数	strategy	可选。一个字符串，指定生成预测结果的策略(经验规则)，其取值如下： ● stratified：在考虑训练数据集类别分布的情况下，随机预测。 ● most_frequent：总是返回训练数据集中出现频率最高的类别。 ● prior：总是返回使先验概率最大的类别(类似most_frequent)，predict_proba也将返回类别的先验概率。 ● uniform：以均匀分布形式随机返回类别。 ● constant：返回用户自定义的类别。常用于正例类别占少数的二分类中。 默认值为"prior"

续表

<table>
<tr><td rowspan="2">参数</td><td>random_state</td><td colspan="2">可选。用于设置了一个随机数种子，可以是一个整型数(随机数种子)，一个numpy.random.RandomState对象，或者为None。用于控制随机生成预测值的方式，仅在strategy="stratified"或strategy="uniform"时有效。
✧ 如果是一个整型常数值，表示需要随机数生成时，每次返回的都是一个固定的序列值；
✧ 如果是一个numpy.random.RandomState对象，则表示每次均为随机采样；
✧ 如果设置为None，表示由系统随机设置随机数种子，每次也会返回不同的样本序列。
注：此参数只适合于参数selection设置为"random"的情况。
默认值为None</td></tr>
<tr><td>constant</td><td colspan="2">可选。一个整数，或一个字符串，或者一个形状shape为(n_outputs,)的类数组对象。用于显示地指定评估器的预测结果，仅在strategy设置为"prior"时有效。
默认值为None，表示没有设置</td></tr>
<tr><td rowspan="5">DummyClassifier的属性</td><td>classes_</td><td colspan="2">形状shape为(n_classes,)的数组，包含了输出结果的类别标签</td></tr>
<tr><td>n_classes_</td><td colspan="2">一个整数或整数列表，等于每个输出结果中类别标签的数量</td></tr>
<tr><td>class_prior_</td><td colspan="2">形状shape为(n_classes,)的数组，包含了每个输出结果中每个类别的概率</td></tr>
<tr><td>n_outputs_</td><td colspan="2">一个整数，等于输出结果的数量</td></tr>
<tr><td>sparse_output_</td><td colspan="2">一个布尔值，表示预测结果是否是CSC格式的稀疏数组。如果输入y是稀疏数组，则此属性自动设置为True</td></tr>
<tr><td rowspan="4">DummyClassifier的方法</td><td rowspan="4">fit(X, y, sample_weight=None)：基于给定的数据集拟合哑分类模型</td><td>X</td><td>必选。类数组对象或稀疏矩阵类型对象，其形状shape为(n_samples,n_features)，表示训练数据集，其中n_samples为样本数量，n_features为特征变量数量</td></tr>
<tr><td>y</td><td>必选。类数组对象或稀疏矩阵类型对象，其形状shape为(n_samples,)，或者(n_samples, n_targets)，表示目标变量数据集。其中n_targets为目标变量个数。
注：必要时，此参数类型可以转换训练数据集X的数据类型</td></tr>
<tr><td>sample_weight</td><td>可选。形状shape为(n_samples,)的数组对象，表示每个样本的权重；也可以为一个浮点数，表示每个样本的权重均为指定的浮点数值。默认值为None，即每个样本的权重一样（为1）</td></tr>
<tr><td>返回值</td><td>训练后的哑分类评估器</td></tr>
</table>

续表

DummyClassifier的方法	get_params(deep=True)：获取评估器的各种参数	deep	可选。布尔型变量，默认值为True。如果为True，表示不仅包含此评估器自身的参数值，还将返回包含的子对象（也是评估器）的参数值
		返回值	字典对象。包含（参数名称：值）的键值对
	predict(X)：使用拟合的模型对新数据进行预测； 注：由于哑分类模型的特殊性，此方法将完全忽略它的输入数据集	X	必选。类数组对象，其形状shape为(n_samples,n_features)，表示待预测的数据集
		返回值	类数组对象，其形状shape为(n_samples,)，表示预测后的目标变量数据集
	predict_log_proba(X)：预测每一个样本输出的对数概率。本函数将计算每一个样本的每一个可能标签对应的对数概率值	X	必选。形状shape为(n_samples,n_features)的矩阵，表示输入数据集
		返回值	形状shape为(n_samples, n_classes)的数组，表示每个样本的每个类别对应的对数概率值。其中类别值的顺序由属性classes_指定
	predict_proba(X)：预测每一个样本输出的概率。本函数将计算每一个样本的每一个可能标签对应的概率值	X	必选。形状shape为(n_samples,n_features)的矩阵，表示输入数据集
		返回值	形状shape为(n_samples, n_classes)的数组，表示每个样本的每个类别对应的概率值。其中类别值的顺序由属性classes_指定
	score(X, y,sample_weight = None)：基于给定的测试数据集计算平均准确率	X	必选。类数组对象或稀疏矩阵类型对象，其形状shape为(n_samples,n_features)，表示测试数据集，或者为None。 注：设置为None不影响评分的计算，这是因为哑分类评估器对评分的计算独立于测试集
		y	必选。类数组对象，其形状shape为(n_samples,)，或者(n_samples, n_outputs)，表示目标变量的实际值。其中n_outputs为目标变量个数
		sample_weight	可选。类数组对象，其形状shape为(n_samples,)，表示每个样本的权重。默认值为None，即每个样本的权重一样（为1）
		返回值	平均准确率
	set_params(**params)：设置评估器的各种参数	params	字典对象，包含了需要设置的各种参数
		返回值	评估器自身

下面我们以例子的形式展示哑分类评估器DummyClassifier的使用。在例子中为了比较，使用了支持向量分类评估器。请看代码（DummyClassifier.py）：

```
1.
2.  import numpy as np
3.  from sklearn.datasets import load_iris
4.  from sklearn.model_selection import train_test_split
5.  from sklearn.dummy import DummyClassifier
6.  from sklearn.svm import SVC
7.
8.  X, y = load_iris(return_X_y=True)
9.
10. # 转换为二分类问题
11. y[y != 1] = -1
12. unique,count = np.unique(y,return_counts=True)
13. print("原始数据集中目标变量分布情况：%s , %s" %(unique,count))
14. print("-"*50)
15.
16. # 训练数据集与测试集的划分
17. X_train, X_test, y_train, y_test = train_test_split(X, y, random_
    state=0)
18.
19. # 线性支持向量分类评估器 这里kernel、C均为超参数
20. lnr_clf = SVC(kernel='linear', C=1).fit(X_train, y_train)
21. print("%27s %s" % ("支持向量分类(linear)评分：", lnr_clf.score(X_
    test, y_test)))
22. print("-"*50)
23.
24. # 哑分类评估器
25. dm_clf = DummyClassifier(strategy='most_frequent', random_state=0)
26. dm_clf.fit(X_train, y_train)
27.
28. # 查看哑分类评估器的返回值。这里总是返回出现频率最高的类别值(-1)
29. y = dm_clf.predict(X)
30. unique,count = np.unique(y,return_counts=True)
31. print("哑分类评估器预测的目标变量分布情况： %s , %s» %(unique,count))
32.
33. # 下面两条语句结果一样
34. #dm_score = dm_clf.score(None,  y_test)
35. dm_score = dm_clf.score(X_test, y_test)
36. print("%27s %s" % ("哑分类评估器评分：", dm_score))
37. print("-"*50)
38.
```

```
39. # RBF支持向量分类评估器 这里kernel、C均为超参数
40. rbf_clf = SVC(kernel='rbf', C=1).fit(X_train, y_train)
41. print("%27s %s" % ("支持向量分类(rbf)评分: ", rbf_clf.score(X_test, y_
    test)))
42.
```

上述代码运行后，输出结果如下：

```
1.  原始数据集中目标变量分布情况: [-1  1] , [100  50]
2.  --------------------------------------------------
3.           支持向量分类(linear)评分:  0.631578947368421
4.  --------------------------------------------------
5.  哑分类评估器预测的目标变量分布情况:  [-1] , [150]
6.                    哑分类评估器评分:  0.5789473684210527
7.  --------------------------------------------------
8.              支持向量分类(rbf)评分:  0.9473684210526315
```

从上面的输出结果第1行可以看出：原始数据集的目标变量取值中，“-1”占比最大。这样，在使用strategy=“most_frequent”创建哑分类评估器DummyClassifier对象后，使用其方法predict()进行预测时，将总是返回“-1”，正如输出结果第5行所示。另外，从支持向量分类评估器的预测结果看，无论使用线性核函数（linear），还是径向基核函数（rbf），其性能均优于哑分类评估器。或者从另一个角度看，如果一个评估器性能（评分）低于哑分类评估器的性能（评分），则说明这个评估器（模型）的性能比较差，不宜用于解决实际问题。

哑回归评估器DummyRegressor实现的经验规则（策略）如下：

- mean：总是返回训练数据集中目标变量的均值。
- median：总是返回训练数据集中目标变量的中位数。
- quantile：总是返回训练数据集中目标变量的指定的分位数。
- constant：总是返回用户指定的一个常数值。

注：哑回归评估器DummyRegressor的方法predict()将完全忽略它的输入数据集。

哑回归评估器DummyRegressor的使用方法与哑分类评估器DummyClassifier类似，这里不再赘述。

4.3 模型超参数调优

我们知道，超参数是不能通过模型训练获得的，它们需要在构建模型时指定。例

如支持向量分类模型SVC中的核类型参数kernel、正则化参数C，套索Lasso回归模型中的L1正则化参数alpha等，都是需要事先确定的超参数。

在Scikit-learn中，确定最佳超参数的方法首推交叉验证。实际上，确定最佳超参数是一个从超参数空间（集合）中，搜索并发现最佳超参数值的过程，这个过程也称为超参数优化，或者超参数调优。所以，对于一个评估器（模型）来说，超参数的调优包括：

- 一个评估器；
- 一个超参数空间。超参数空间也可以由多个超参数组成；
- 一种在超参数空间搜索或抽样候选超参数值的方法；
- 一种交叉验证模式；
- 一个评分函数。

在Scikit-learn中，提供了以下几种超参数寻优的方法：

（1）穷尽网格搜索（GridSearchCV）：给定超参数搜索空间（通常是词典或词典列表形式），方法GridSearchCV()会考虑所有的超参数组合，并从中找到最优的超参数组合。实际上这是一种暴力超参数搜索模式。

另外，方法GridSearchCV有一个对应的连续减半（successive halving）的方法HalvingGridSearchCV()，可以有效加速寻优的效率。

（2）随机搜索（RandomizedSearchCV）：给定超参数搜索空间（通常是词典或词典列表形式），方法RandomizedSearchCV()会按照指定的超参数分布形式，从超参数空间中采样，获得寻优候选对象，进而找到最优的超参数组合。

同样，方法RandomizedSearchCV也有一个对应的连续减半的方法HalvingRandomSearchCV()，可以有效加速寻优的效率。

（3）非暴力参数搜索方法：穷尽网格搜索和随机搜索可以应用于所有模型的超参数寻优，而非暴力参数搜索仅对部分模型有效，例如linear_model.ElasticNetCV()、linear_model.LarsCV()等。针对这些模型，Scikit-learn提供了特定的交叉验证方式可以高效地加速寻优的效率。

4.3.1 穷尽网格超参数搜索

在Scikit-learn中，穷尽网格超参数搜索（也称为暴力超参数搜索）是由类GridSearchCV提供的。它与后面将要讲述的随机搜索RandomizedSearchCV都是来自模块sklearn.model_selection。

类GridSearchCV从一个参数网格（通常是一个字典或列表对象）中生成众多的候选参数组合，然后遍历所有这些组合进行交叉验证，基于评分函数寻找最优超参数。

所以这是一个循环和比较的过程，对于大数据集和多个参数的情况下，非常耗时。不过优点是可以保证在指定的参数范围内找到模型性能指标最高的超参数。表4-7详细说明了类GridSearchCV的构造函数及其属性和方法。

表4-7 穷尽网格超参数搜索评估器GridSearchCV

名称	sklearn.model_selection.GridSearchCV	
声明	GridSearchCV(estimator, param_grid, *, scoring=None, n_jobs=None, refit=True, cv=None, verbose=0, pre_dispatch='2*n_jobs', error_score=nan, return_train_score=False)	
参数	estimator	必选。实现了fit()方法的评估器对象，一般需要实现score()方法，否则参数scoring不能为None

	param_grid	必选。一个字典对象，或者一个以字典为元素的列表对象。
		（1）如果设置为一个字典对象，则以待验证超参数名称为键名称（key），以待验证超参数值列表为字典的值（value）。例如：
		`1. param_grid = { 'max_depth': [3, 5, 10],`
		`2.               'min_samples_split': [2, 5, 10] }`
		（2）如果设置为一个列表对象，则每个元素为一个字典对象，字典对象内的结构如（1）所示。这种情况可以构建多个网格（grid），每个字典对象对应一个网格。这种方式可以实现多个超参数的子段搜索。例如：
		`1. param_grid = [`
		`2.   {'C': [1, 10, 100, 1000], 'kernel': ['linear']},`
		`3.   {'C': [1, 10, 100, 1000], 'gamma': [0.001, 0.0001], 'kernel': ['rbf']},`
		`4.  ]`

	scoring	可选。可以是一个字符串，或者具有评分功能的可回调函数（对象），或者一个列表对象，或者一个元组对象，或者一个字典，表示在测试数据集上验证模型优劣的策略。 默认值为None。 注：默认情况下，评估器（模型）使用其方法score()的结果作为确定超参数组合的依据，即分类问题使用sklearn.metrics.accuracy_score()；回归问题使用classification and sklearn.metrics.r2_score()。 具体取值请参见表4-3 cross_validate()方法的参数（scoring）
	n_jobs	可选。一个整数值或None，表示计算过程中所使用的最大并行计算任务数（可以理解为线程数量）。 具体取值请参见表4-3 cross_validate()方法的参数（n_jobs）

续表

参数	refit	可选。一个布尔值，或者字符串，或者一个可回调对象。 指定交叉验证结束后，是否使用寻找到的最佳超参数组合，在整个数据集上重新拟合评估器。 （1）对于多指标交叉验证，此参数应设置为一个字符串，指向一个评分器（scorer）。此评分器用于寻找最佳超参数组合。 （2）需要注意的是，也会存在最佳评估器对应的并不是评分最大的情况。此时，refit应设置为一个返回属性best_index_的函数（此时属性cv_results_已知）。在这种情况下，best_estimator_和best_params_将会按照返回的best_index_设置，此时属性best_score_已不再有效。 默认值为True
	cv	可选。一个正整数，或者一个交叉验证生成器，或者一个可回调函数（对象），指定计算过程中使用的交叉验证方法。 具体取值请参见表4-3 cross_validate()方法的参数（cv）
	verbose	可选。一个整数值，用来设置输出结果的详细程度。 默认为0，表示不输出运行过程中的各种信息
	pre_dispatch	可选。可以是一个整数，或者一个字符串，或者None，用于控制并行工作数量。具体取值请参见表4-3 cross_validate()方法的参数（pre_dispatch）
	error_score	可选。可设置为"raise"，或者一个数值，指定当评估器estimator拟合过程中出现异常错误时应返回的评分值。 如果设置为"raise"，则触发错误机制；如果是一个数值，则触发sklearn.exceptions.FitFailedWarning异常。 默认为numpy.nan
	return_train_score	可选。一个布尔值，表示是否包含每次划分训练模型时的评分。训练评分有助于深入了解参数配置对过拟合/欠拟合的影响，但是会加大计算量。另一方面，这些评分对选择最佳模型作用并不大。 默认值为False
GridSearchCV的属性	cv_results_	一个以Numpy数组为值的词典对象
	best_estimator_	交叉验证后拟合的最佳评估器。如果refit为False，则此属性无效
	best_score_	一个浮点数，表示最佳评估器best_estimator_的平均交叉验证评分
	best_params_	一个字典对象，包含了基于预留数据（测试数据）的最好评分结果对应的参数值。对于多度量指标交叉验证，只有参数refit设置后，此属性才有效
	best_index_	一个正整数，属性cv_results_中对应着最佳模型的超参数的索引。 对于多度量指标交叉验证，只有参数refit设置后，此属性才有效
	scorer_	一个函数或字典对象，表示评分器。用于基于预留数据（测试数据）进行评分以获得最佳模型的评分器。 对于多度量指标交叉验证，此属性包含交叉验证的评分字典对象

续表

<table>
<tr><td rowspan="3">GridSearchCV的属性</td><td>n_splits_</td><td colspan="2">一个正整数，表示交叉验证的划分数量</td></tr>
<tr><td>refit_time_</td><td colspan="2">一个浮点数，交叉验证后对评估器进行重新拟合所需要的时间。此属性是有在参数refit不为False时才有效</td></tr>
<tr><td>multimetric_</td><td colspan="2">一个布尔值，表示评分器是否计算多个度量指标</td></tr>
<tr><td rowspan="11">GridSearchCV的方法</td><td rowspan="2">decision_function(X)：调用评估器的决策函数decision_function()。
注：只有构造函数的参数refit设置为True，且评估器提供了decision_function()才有效</td><td>X</td><td>直接调用使用最佳超参数拟合后的模型的decision_function()</td></tr>
<tr><td>返回值</td><td>拟合最佳模型的decision_function()的返回值</td></tr>
<tr><td rowspan="5">fit(X, y=None, *, groups=None, **fit_params)：使用所有的超参数组合，运行拟合方法</td><td>X</td><td>必选。一个形状shape为(n_samples,n_features)的数组对象，表示输入训练数据集，其中n_samples为样本数量，n_features为特征变量数量</td></tr>
<tr><td>y</td><td>可选。形状shape(n_samples,n_output)或者shape(n_samples,)的数组，表示目标变量数据集。
默认值为None，针对无监督学习问题</td></tr>
<tr><td>groups</td><td>可选。形状shape(n_samples,)的数组，包含了每个样本的标签，用于在划分训练和测试数据集时使用。
注：仅用于组交叉验证对象使用，例如GroupKFold。默认值为None，表示每个样本不设置标签</td></tr>
<tr><td>fit_params</td><td>传递给评估器（模型）的方法fit()的其他参数</td></tr>
<tr><td>返回值</td><td>模型的fit()的返回值</td></tr>
<tr><td rowspan="2">get_params(deep=True)：获取评估器的各种参数</td><td>deep</td><td>可选。布尔型变量，默认值为True。如果为True，表示不仅包含此评估器自身的参数值，还将返回包含的子对象（也是评估器）的参数值</td></tr>
<tr><td>返回值</td><td>字典对象。包含（参数名称：值）的键值对</td></tr>
<tr><td rowspan="2">inverse_transform(Xt)：调用拟合后的评估器(模型)的属性inverse_transform。
注：只有拟合的评估器实现了inverse_transform，且构造函数的refit设置为True时才有效</td><td>Xt</td><td>必选。形状shape为(n_samples,)的可索引数组对象，它必须满足评估器的函数inverse_transform()的输入要求</td></tr>
<tr><td>返回值</td><td>返回拟合后评估器的属性inverse_transform</td></tr>
</table>

续表

GridSearchCV的方法	predict(X)：调用拟合后的评估器(模型)的方法predict()的结果。 注：只有拟合的评估器实现了predict()，且构造函数的refit设置为True时才有效	X	必选。形状shape为(n_samples,)的可索引数组对象，它必须满足评估器的函数predict()的输入要求
		返回值	模型的predict()的返回值
	predict_log_proba(X)：调用拟合后的评估器(模型)的方法predict_log_proba()的结果。 注：只有拟合的评估器实现了predict_log_proba()，且构造函数的refit设置为True时才有效	X	必选。形状shape为(n_samples,)的可索引数组对象，它必须满足评估器的函数predict_log_proba()的输入要求
		返回值	模型的predict_log_proba()的返回值
	predict_proba(X)：调用拟合后评估器(模型)的方法predict_proba()的结果。 注：只有拟合的评估器实现了predict_proba()，且构造函数的refit设置为True时才有效	X	必选。形状shape为(n_samples,)的可索引数组对象，它必须满足评估器的函数predict_proba()的输入要求
		返回值	模型的predict_proba()的返回值
	score(X, y=None)：返回拟合后的模型方法score()的结果。这个方法将使用构造函数scoring指定的度量指标；如果scoring没有指定这使用best_estimator_.score	X	必选。类数组对象，其形状shape为(n_samples, n_features)，表示测试数据集
		y	可选。类数组对象，其形状shape为(n_samples,)，表示目标变量的真实标签
		返回值	返回一个浮点数，表示评分值
	score_samples(X)：调用拟合后模型的score_samples()方法。 注：只有拟合的评估器实现了score_sample()，且构造函数的refit设置为True时才有效	X	必选。形状shape为(n_samples,)的可索引数组对象，它必须满足评估器的函数score_samples()的输入要求
		返回值	拟合后模型的score_samples()方法的结果
	set_params(**params)：设置评估器的各种参数	params	一个字典对象，包含了评估器的各种参数
		返回值	评估器自身

续表

GridSearchCV的方法	transform(X)：调用拟合后模型的transform()方法。 注：只有拟合的评估器实现了transform()，且构造函数的refit设置为True时才有效	X	必选。形状shape为(n_samples,)的可索引数组对象，它必须满足评估器的函数transform()的输入要求
		返回值	拟合后模型的transform()方法的结果

下面我们以示例的形式，展示如何使用GridSearchCV。请看代码（GridSearchCV.py）：

```
1.
2.  from sklearn import datasets
3.  from sklearn.model_selection import train_test_split
4.  from sklearn.model_selection import GridSearchCV
5.  from sklearn.metrics import classification_report
6.  from sklearn.svm import SVC
7.
8.  # 导入系统自带的手写数字图片数据集
9.  digits = datasets.load_digits()
10.
11. # 转换原始数据为(samples, feature)形式，便于使用分类模型
12. n_samples = len(digits.images)
13. X = digits.images.reshape((n_samples, -1))
14. y = digits.target
15.
16. # 把数据集划分为训练数据集和测试数据集
17. X_train, X_test, y_train, y_test = train_test_split(
18.     X, y, test_size=0.5, random_state=0)
19.
20. # 设置超参数组合，以适应交叉验证
21. tuned_parameters = [{'kernel': ['rbf'], 'gamma': [1e-3, 1e-4],
22.                      'C': [1, 10, 100, 1000]},
23.                     {'kernel': ['linear'], 'C': [1, 10, 100, 1000]}]
24. scores = ['precision', 'recall']
25.
26. for score in scores:
27.     print("## 度量指标（%s）下的超参数寻优：" % score)
28.     print("--"*25)
29.
30.     # 默认 refit = True，表示获得最佳超参数后，在整个数据集上重新拟合模型
31.     # 默认 cv = 5，表示使用5折交叉验证
```

```
32.         clf = GridSearchCV( SVC(), tuned_parameters, scoring='%s_
    macro' % score )
33.     clf.fit(X_train, y_train)  # 必需的一步
34.
35.     print("基于训练数据集，搜索到的最佳超参数组合是：")
36.     print(clf.best_params_)
37.     print()
38.
39.     print("基于训练数据集的交叉验证，网格评分如下：")
40.     means = clf.cv_results_['mean_test_score']
41.     stds  = clf.cv_results_['std_test_score' ]
42.     # zip()函数可将列表对象中对应的元素打包成一个个元组，然后返回由这些元组组
    成的列表。
43.     for mean, std, params in zip(means, stds, clf.cv_results_
    ['params']):
44.         print("%0.3f (+/-%0.03f) for %r" % (mean, std * 2, params))
45.     print()
46.
47.     print("下面列出详细的分类报告（基于测试数据集）：")
48.     y_true, y_pred = y_test, clf.predict(X_test)
49.     print(classification_report(y_true, y_pred))
50.     print()
51.  # end of for loop
52.
```

上述代码运行后，输出结果如下：

```
1.  ## 度量指标（precision）下的超参数寻优：
2.  --------------------------------------------------
3.  基于训练数据集，搜索到的最佳超参数组合是：
4.  {'C': 10, 'gamma': 0.001, 'kernel': 'rbf'}
5.
6.  基于训练数据集的交叉验证，网格评分如下：
7.  0.986 (+/-0.016) for {'C': 1, 'gamma': 0.001, 'kernel': 'rbf'}
8.  0.959 (+/-0.028) for {'C': 1, 'gamma': 0.0001, 'kernel': 'rbf'}
9.  0.988 (+/-0.017) for {'C': 10, 'gamma': 0.001, 'kernel': 'rbf'}
10. 0.982 (+/-0.026) for {'C': 10, 'gamma': 0.0001, 'kernel': 'rbf'}
11. 0.988 (+/-0.017) for {'C': 100, 'gamma': 0.001, 'kernel': 'rbf'}
12. 0.983 (+/-0.026) for {'C': 100, 'gamma': 0.0001, 'kernel': 'rbf'}
13. 0.988 (+/-0.017) for {'C': 1000, 'gamma': 0.001, 'kernel': 'rbf'}
14. 0.983 (+/-0.026) for {'C': 1000, 'gamma': 0.0001, 'kernel': 'rbf'}
15. 0.974 (+/-0.012) for {'C': 1, 'kernel': 'linear'}
16. 0.974 (+/-0.012) for {'C': 10, 'kernel': 'linear'}
17. 0.974 (+/-0.012) for {'C': 100, 'kernel': 'linear'}
18. 0.974 (+/-0.012) for {'C': 1000, 'kernel': 'linear'}
```

```
19.
20. 下面列出详细的分类报告（基于测试数据集）：
21.               precision    recall  f1-score   support
22.
23.            0       1.00      1.00      1.00        89
24.            1       0.97      1.00      0.98        90
25.            2       0.99      0.98      0.98        92
26.            3       1.00      0.99      0.99        93
27.            4       1.00      1.00      1.00        76
28.            5       0.99      0.98      0.99       108
29.            6       0.99      1.00      0.99        89
30.            7       0.99      1.00      0.99        78
31.            8       1.00      0.98      0.99        92
32.            9       0.99      0.99      0.99        92
33.
34.     accuracy                           0.99       899
35.    macro avg       0.99      0.99      0.99       899
36. weighted avg       0.99      0.99      0.99       899
37.
38.
39. ## 度量指标（recall）下的超参数寻优：
40. ------------------------------------------------
41. 基于训练数据集，搜索到的最佳超参数组合是：
42. {'C': 10, 'gamma': 0.001, 'kernel': 'rbf'}
43.
44. 基于训练数据集的交叉验证，网格评分如下：
45. 0.986 (+/-0.019) for {'C': 1, 'gamma': 0.001, 'kernel': 'rbf'}
46. 0.957 (+/-0.028) for {'C': 1, 'gamma': 0.0001, 'kernel': 'rbf'}
47. 0.987 (+/-0.019) for {'C': 10, 'gamma': 0.001, 'kernel': 'rbf'}
48. 0.981 (+/-0.028) for {'C': 10, 'gamma': 0.0001, 'kernel': 'rbf'}
49. 0.987 (+/-0.019) for {'C': 100, 'gamma': 0.001, 'kernel': 'rbf'}
50. 0.982 (+/-0.026) for {'C': 100, 'gamma': 0.0001, 'kernel': 'rbf'}
51. 0.987 (+/-0.019) for {'C': 1000, 'gamma': 0.001, 'kernel': 'rbf'}
52. 0.982 (+/-0.026) for {'C': 1000, 'gamma': 0.0001, 'kernel': 'rbf'}
53. 0.971 (+/-0.010) for {'C': 1, 'kernel': 'linear'}
54. 0.971 (+/-0.010) for {'C': 10, 'kernel': 'linear'}
55. 0.971 (+/-0.010) for {'C': 100, 'kernel': 'linear'}
56. 0.971 (+/-0.010) for {'C': 1000, 'kernel': 'linear'}
57.
58. 下面列出详细的分类报告（基于测试数据集）：
59.               precision    recall  f1-score   support
60.
61.            0       1.00      1.00      1.00        89
```

```
62.              1       0.97      1.00      0.98        90
63.              2       0.99      0.98      0.98        92
64.              3       1.00      0.99      0.99        93
65.              4       1.00      1.00      1.00        76
66.              5       0.99      0.98      0.99       108
67.              6       0.99      1.00      0.99        89
68.              7       0.99      1.00      0.99        78
69.              8       1.00      0.98      0.99        92
70.              9       0.99      0.99      0.99        92
71.
72.       accuracy                           0.99       899
73.      macro avg       0.99      0.99      0.99       899
74.   weighted avg       0.99      0.99      0.99       899
```

从上面的例子可以看出，穷尽网格超参数搜索GridSearchCV使用了所有的资源（例如所有的训练样本数据、评估器训练时所需的迭代次数等与计算效率有关的参数）对所有的超参数组合进行了验证，这种方式对资源的要求很高（特别是在大数据量的情况下），并且计算时间很长。为了解决这个问题，Scikit-learn专门提供了一个HalvingGridSearchCV（同样也是来自模块sklearn.model_selection）。这个优化评估器能够通过优化对各种资源的使用，大大提高最佳超参数的搜索效率。由于这个评估器目前处于试验阶段（版本1.0.1），其形式有可能发生变化，所以本书不展开描述。

4.3.2 随机超参数搜索

随机超参数搜索评估器RandomizedSearchCV的工作原理与穷尽网格超参数搜索GridSearchCV类似，但是它不是穷尽所有的超参数组合，而是以随机在超参数空间中采样的方式选择超参数组合进行交叉验证。进入交叉验证的超参数组合个数由其参数n_iter指定。在处理连续变量的超参数时，RandomizedSearchCV会将其当作一个分布进行采样。

与GridSearchCV一样，RandomizedSearchCV同样实现了fit()、score()等方法。表4-8详细说明了类RandomizedSearchCV的构造函数及其属性和方法。

表4-8 随机超参数搜索评估器RandomizedSearchCV

名称	sklearn.model_selection.RandomizedSearchCV
声明	RandomizedSearchCV（estimator, param_distributions, *, n_iter=10, scoring=None, n_jobs=None, refit=True, cv=None, verbose=0, pre_dispatch='2*n_jobs', random_state=None, error_score=nan, return_train_score=False）

续表

参数	param_distributions	必选。一个字典对象，或者一个以字典为元素的列表对象。 （1）如果设置为一个字典对象，则以待验证超参数名称为键名称（key），以待验证超参数值列表为字典的值（value），此时均匀抽样；或者以一个分布为字典的值（value），此时分布必须提供rvs()方法，方法rvs()可产生服从指定分布的随机数。举例如下： 1. param_dist = {'average': [True, False], 2. 'l1_ratio': scipy.stats.uniform(0, 1), 3. 'alpha': loguniform(1e-4, 1e0) } （2）如果设置为一个列表对象，则每个元素为一个字典对象，字典对象内的结构如（1）所示。这种方式可以实现多个超参数的子段搜索。例如： 1. param_dist = [{ 2. 'kernel': ['rbf'], 3. 'gamma': [1e-4,1e-3,1e-2,1e-1,1e+0,1e+1,1e+2, 1e+3, 1e+4], 4. 'C': [1e+0,1e+1,1e+2,1e+3,1e+4,1e+5,1e+6,1e+7,1e+8, 1e+9] 5. }] 注：如果所有的超参数都是以列表形式表示，将采用不放回抽样确定超参数组合；如果至少有一个参数是以分布函数形式表示，则使用有放回抽样
	n_iter	可选。一个整数，表示交叉验证所使用的超参数组合个数。这个参数可以平衡计算时间和验证质量。 默认值为10
	random_state	可选。可以是一个整型数（随机数种子），一个numpy.random.RandomState对象，或者为None，用于设置了一个随机数种子。用于从可能值列表中随机均匀采样，而不是按照scipy.stats分布。 ✧ 如果是一个整型常数值，表示需要随机数生成时，每次返回的都是一个固定的序列值。 ✧ 如果是一个numpy.random.RandomState对象，则表示每次均为随机采样。 ✧ 如果设置为None，表示由系统随机设置随机数种子，每次也会返回不同的样本序列。 默认值None
	随机超参数搜索评估器RandomizedSearchCV的其他参数与穷尽网格超参数搜索评估器GridSearchCV的对应参数相同，请参阅表4-7　穷尽网格超参数搜索评估器GridSearchCV	

续表

RandomizedSearchCV的属性	随机超参数搜索评估器RandomizedSearchCV的属性与穷尽网格超参数搜索评估器GridSearchCV的属性相同，也具有如下的属性： （1）cv_results_ （2）best_estimator_ （3）best_score_ （4）best_params_ （5）best_index_ （6）scorer_ （7）n_splits_ （8）refit_time_ （9）multimetric_ 每个属性的含义请参阅表4-7　穷尽网格超参数搜索评估器GridSearchCV
RandomizedSearchCV的方法	随机超参数搜索评估器RandomizedSearchCV的方法与穷尽网格超参数搜索评估器GridSearchCV的方法相同，也具有如下的方法： （1）decision_function() （2）fit() （3）get_params() （4）inverse_transform() （5）predict() （6）predict_log_proba() （7）predict_proba() （8）score() （9）score_samples() （10）set_params() （11）transform() 每个方法的含义请参阅表4-7　穷尽网格超参数搜索评估器GridSearchCV

随机超参数搜索评估器RandomizedSearchCV与穷尽网格超参数搜索评估器GridSearchCV的使用方式类似，所以这里不再提供示例说明。

在Scikit-learn中，与HalvingGridSearchCV一样，也提供了一个HalvingRandomSearchCV（同样也是来自模块sklearn.model_selection）。这个优化评估器也是通过优化对各种资源的使用，大大提高最佳超参数的搜索效率。同样，由于这个评估器目前处于试验阶段（版本1.0.1），其形式有可能发生变化，所以本书不展开描述。

4.3.3 非暴力参数搜索方法

4.3.3.1 特定模型的交叉验证

某些特定的模型在训练过程中，针对某个参数的一系列值所用的时间几乎与单个参数值所用的时间相同。这个特点有助于实现更加高效的交叉验证，进行最优超参数的选择。表4-9是这些模型的列表，这些模型均来自sklearn.linear_model模块。

表4-9 特定模型的交叉验证

序号	评估器（模型）	说明
1	ElasticNetCV（*[, l1_ratio, …]）	沿一个正则化路径进行迭代训练的交叉验证弹性网络回归评估器
2	LarsCV（*[, fit_intercept, …]）	交叉验证最小角Lasso回归评估器
3	LassoCV（*[, eps, n_alphas, …]）	沿一个正则化路径进行迭代训练的交叉验证Lasso回归评估器
4	LassoLarsCV（*[, fit_intercept, …]）	交叉验证最小角Lasso回归评估器
5	LogisticRegressionCV（*[, Cs, …]）	交叉验证逻辑线性回归分类评估器
6	MultiTaskElasticNetCV（*[, …]）	交叉验证多任务弹性网络回归评估器
7	MultiTaskLassoCV（*[, eps, …]）	交叉验证多任务Lasso回归评估器
8	OrthogonalMatchingPursuitCV（*）	交叉验证正交匹配追踪回归评估器
9	RidgeCV（[alphas, …]）	交叉验证岭回归评估器
10	RidgeClassifierCV（[alphas, …]）	交叉验证岭分类评估器

关于这些模型的详细描述，读者可参阅笔者的《Scikit-learn机器学习详解（下）》一书，此处不再赘述。

4.3.3.2 基于信息标准的超参数寻优

阿卡克信息标准AIC（Akaike information criterion）和贝叶斯信息标准BIC（Bayesian information criterion）是两个衡量模型拟合优度和复杂度的指标，常用于最优模型的选择。

在Scikit-learn中，sklearn.linear_model.LassoLarsIC 提供了一个基于信息标准的正则化参数最优估计的闭式解（解析解）。它可以通过单一正则化路径即可进行寻优，而不是交叉验证中的多个路径。

信息准则最小角Lasso回归评估器LassoLarsIC就是基于阿卡克信息标准AIC或贝叶斯信息标准BIC的正则化路径最优评估的模型。如表4-10所示。

表4-10 基于信息标准的回归评估器

评估器（模型）	说明
LassoLarsIC（[criterion, …]）	基于贝叶斯信息标准BIC和阿卡克信息标准AIC的信息准则最小角Lasso回归评估器

4.3.3.3 袋外数据评估

在第三章中讲过，在使用集成学习方法时，例如基于bagging方法生成新的训练数据集时，会有部分数据集得以保留，不会进入训练环节，即袋外数据OOB。我们可以利用这保留的部分数据集进行评估模型的泛化误差（generalization error）。这种方式无需专门的验证数据集，且能够用于模型选择，称为袋外数据评估（Out of Bag Estimates）。具有这种特性的评估器如表4-11所示，这些模型均来自sklearn.ensemble模块。

表4-11 袋外数据评估器

序号	评估器（模型）	说明
1	RandomForestClassifier（[…]）	随机森林分类评估器
2	RandomForestRegressor（[…]）	随机森林回归评估器
3	ExtraTreesClassifier（[…]）	极端随机树分类评估器
4	ExtraTreesRegressor（[n_estimators, …]）	极端随机树回归评估器
5	GradientBoostingClassifier（*[, …]）	梯度提升分类评估器
6	GradientBoostingRegressor（*[, …]）	梯度提升回归评估器

4.3.4 贝叶斯优化

前面讲述的各种超参数调优方法没有利用已搜索点的信息。实际上，通过充分利用已搜索点的信息可以显著提高超参数搜索结果的质量和搜索的速度。贝叶斯优化BOA（Bayesian optimization algorithm）就是这样一种利用已搜索点的信息确定下一个搜索点的方法，用于求解维数不高的优化问题。

贝叶斯优化是一种黑盒（black box）优化算法，用于求解表达式未知的函数的极值问题。算法根据一组采样点处的函数值，通过高斯过程回归预测出任意点处函数值的概率分布。根据高斯过程回归的结果构造采集函数，用于衡量每一个数据点值得探索的程度，求解采集函数的极值从而确定下一个采样点，最后返回这组采样点的极值作为函数的极值。其中，采集函数（acquisition function）的构造是贝叶斯优化的核心，它可根据当前的模型来评估一个点，以便确定下一步要评估的最佳点。

在Scikit-learn中，没有提供贝叶斯优化的方法，所以本书也不进一步展开论述。目前有一个基于Scikit-learn开源包Scikit-Optimize（也称为skopt），提供了完整的贝叶斯超参数优化的实现。Scikit-Optimize的官方网址为：

https://scikit-optimize.github.io/stable/index.html

感兴趣的读者可登录网站，查看详细的使用说明。

4.4 验证曲线

每个模型（评估器）都有自己的优势和劣势。模型的可用性，即普适性，可以使用泛化误差（error）来表示。而泛化误差可以分为三部分：偏差（bias）、方差（variance）和噪声（noise）。其中偏差是指模型预测值的期望与真实值之间的差距。偏差越大，说明预测值越偏离真实值；方差是指预测值的离散程度，也就是预测值离其期望值的距离。方差越大，说明预测值的分布越分散；噪声是数据（随机变量）的一个固有属性。

正确地理解偏差和方差的关系，不仅有助于我们构建准确的模型，也有助于我们避免欠拟合和过拟合的错误。为了更深入的了解泛化误差，针对某一个数据集D，我们以公式的形式给出它与偏差、误差和噪声的关系。在下面的公示推导中，各符号的含义如下：

$\hat{Y}$：目标变量的测量值，即样本数据中的目标变量值；

Y：目标变量的真实值；

$f(x)$：目标变量的测量值，即模型f的预测值；

$\bar{f}(x)$：模型预测值的期望（均值）。

泛化误差 = 测量值与预测值之差的平方期望

= （测量值与预测期望之差 + 预测期望与预测值之差）的平方期望

即：

$$
\begin{aligned}
Err(x)&=E\left[\left(\hat{Y}-f(x)\right)^2\right]=E\left[\left(\hat{Y}-\bar{f}(x)+\bar{f}(x)-f(x)\right)^2\right]=E\left[\left(\left(\hat{Y}-\bar{f}(x)\right)+\left(\bar{f}(x)-f(x)\right)\right)^2\right]\\
&=E\left[\left(\hat{Y}-\bar{f}(x)\right)^2\right]+E\left[\left(\bar{f}(x)-f(x)\right)^2\right]+E\left[2\left(\hat{Y}-\bar{f}(x)\right)\left(\bar{f}(x)-f(x)\right)\right]\\
&=E\left[\left(\hat{Y}-\bar{f}(x)\right)^2\right]+E\left[\left(\bar{f}(x)-f(x)\right)^2\right]+2\times E\left[\left(\hat{Y}-\bar{f}(x)\right)\right]\times E\left[\left(\bar{f}(x)-f(x)\right)\right]\\
&=E\left[\left(\hat{Y}-\bar{f}(x)\right)^2\right]+E\left[\left(\bar{f}(x)-f(x)\right)^2\right]+2\times 0\times E\left[\left(\bar{f}(x)-f(x)\right)\right]\\
&=E\left[\left(\hat{Y}-\bar{f}(x)\right)^2\right]+E\left[\left(\bar{f}(x)-f(x)\right)^2\right]=E\left[\left(\bar{f}(x)-f(x)\right)^2\right]+E\left[\left(\hat{Y}-\bar{f}(x)\right)^2\right]\\
&=E\left[\left(\bar{f}(x)-f(x)\right)^2\right]+E\left[\left(\hat{Y}-Y+Y-\bar{f}(x)\right)^2\right]\\
&=E\left[\left(\bar{f}(x)-f(x)\right)^2\right]+E\left[\left((\hat{Y}-Y)+\left(Y-\bar{f}(x)\right)\right)^2\right]\\
&=E\left[\left(f(x)-\bar{f}(x)\right)^2\right]+E\left[(\hat{Y}-Y)^2\right]+E\left[\left(Y-\bar{f}(x)\right)^2\right]+2\times E\left[(\hat{Y}-Y)\times\left(Y-\bar{f}(x)\right)\right]\\
&=E\left[\left(f(x)-\bar{f}(x)\right)^2\right]+E\left[(\hat{Y}-Y)^2\right]+E\left[\left(Y-\bar{f}(x)\right)^2\right]+2\times E\left[(\hat{Y}-Y)\right]\times E\left[\left(Y-\bar{f}(x)\right)\right]\\
&=E\left[\left(f(x)-\bar{f}(x)\right)^2\right]+E\left[(\hat{Y}-Y)^2\right]+E\left[\left(Y-\bar{f}(x)\right)^2\right]+2\times 0\times E\left[\left(Y-\bar{f}(x)\right)\right]\\
&=E\left[\left(f(x)-\bar{f}(x)\right)^2\right]+E\left[(\hat{Y}-Y)^2\right]+E\left[\left(Y-\bar{f}(x)\right)^2\right]\\
&=\text{方差}(\sigma^2)+\text{偏差}(\beta^2)+\varepsilon^2(\text{噪声})
\end{aligned}
$$

从上面的公式也可以看出，泛化误差是由方差、偏差和噪声组成的。实际上，偏差往往是由于过度简化模型造成的。所以，偏差大的模型容易出现欠拟合的现象。偏差和方差的关系如图4-3所示。

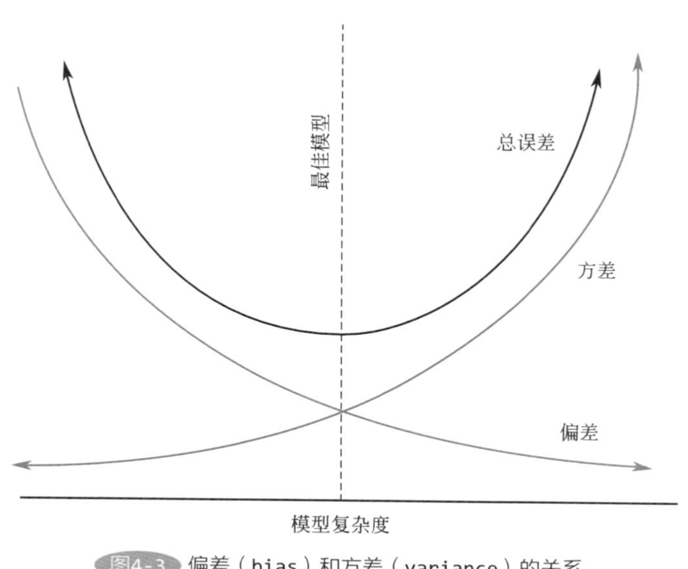

图4-3 偏差（bias）和方差（variance）的关系

为了得到泛化性能好的模型，我们需要使偏差较小，即能充分拟合数据，并且使方差小，使数据扰动产生的影响小。但是偏差和方差在一定程度上是有冲突的，这就需要在构建模型时，需要对偏差和方差进行权衡（bias-variance tradeoff）。随着模型复杂度的提升，偏差逐渐减小，方差逐渐增大。最佳的模型复杂度是在总误差最小的时候。若模型复杂度大于平衡点，则模型的方差会偏高，模型倾向于过拟合；若模型复杂度小于平衡点，则模型的偏差会偏高，模型倾向于欠拟合。

所以，偏差和方差是模型（评估器）固有的属性。我们构建模型时，如何第一时间诊断出偏差和方差的影响？并且一旦发现问题如何采取措施？在Scikit-learn中，为了能够直观地展示偏差或方差对一个模型性能的影响，我们可以采用交叉验证曲线和学习曲线这两种可视化工具。

4.4.1 交叉验证曲线

前面讲过，在使用穷尽网格搜索等方法时，通过交叉验证方式找到在交叉验证数据集上具有最大评分的超参数组合，从而获得最佳模型。所以，可视化一个超参数对训练评分和交叉验证评分的影响，从而发现某些超参数组合对模型来说是过拟合还是欠拟合是一种特别有益的探索。在Scikit-learn中，方法validation_curve()能够帮助我们做到这一点。表4-12详细说明了方法validation_curve()的各个参数。

表4-12 验证曲线方法validation_curve()

名称	sklearn.model_selection.validation_curve	
声明	validation_curve（estimator, X, y, *, param_name, param_range, groups=None, cv=None, scoring=None, n_jobs=None, pre_dispatch='all', verbose=0, error_score=nan, fit_params=None）	
参数	estimator	必选。实现了方法fit()和predict()的评估器对象
	X	必选。形状shape为(n_samples, n_features)的类数组对象，包含了拟合所需的数据，传递给评估器estimator的fit()方法
	y	可选。形状shape为(n_samples,)或(n_samples, n_outputs)的类数组对象，包含了有监督学习算法需要的目标变量值。 默认值为None
	param_name	必选。一个字符串，指定了进行交叉验证的参数名称
	param_range	必选。形状shape为(n_values,)的数组，参数param_name对应的参数值
	groups	可选。形状shape(n_samples,)的数组，包含了每个样本的标签，用于在划分训练和测试数据集时使用。 注：仅用于组交叉验证对象使用，例如GroupKFold。 默认值为None，表示每个样本不设置标签
	cv	可选。一个正整数，或者一个交叉验证生成器，或者一个可回调函数（对象），指定计算过程中使用的交叉验证方法。 具体取值请参见表4-3 cross_validate()方法的参数（cv）
	scoring	可选。可以是一个字符串，或者具有评分功能的可回调函数（对象），表示在数据集上验证模型优劣的策略。 具体取值请参见表4-3 cross_validate()方法的参数（scoring）
	n_jobs	可选。一个整数值或None，表示计算过程中所使用的最大并行计算任务数（可以理解为线程数量）。 具体取值请参见表4-3 cross_validate()方法的参数（n_jobs）
	pre_dispatch	可选。可以是一个整数，或者一个字符串，或者None，用于控制并行工作数量。 具体取值请参见表4-3 cross_validate()方法的参数（pre_dispatch）
	verbose	可选。一个整数值，用来设置输出结果的详细程度。 默认为0，表示不输出运行过程中的各种信息
	error_score	可选。可设置为"raise"，或者一个数值，指定当评估器estimator拟合过程中出现异常错误时应返回的评分值。 具体取值请参见表4-3 cross_validate()方法的参数（error_score）
	fit_params	可选。一个字典对象，包含了传递给评估器estimator用于调用fit()函数的参数。 默认值为None，表示不传递任何额外参数，也就是评估器estimator的fit()函数使用自己默认的参数
返回值		返回训练数据集上的评分（train_scores）和验证数据集上的评分（test_scores）。两个评分的形状shape均为（n_ticks,n_cv_folds），其中n_ticks为参数param_range的长度，n_cv_folds交叉验证划分的组数（由参数cv确定）

下面我们以例子说明验证曲线方法validation_curve()的使用。在下面的例子中，使用了系统自带的手写数字数据集，根据validation_curve()的返回值进行图形绘制，从中可以看出超参数γ的变化对支持向量分类模型的训练评分和验证集评分的影响。请看代码（Validation_curve.py）：

```
1.
2.  import numpy as np
3.  from sklearn.svm import SVC
4.  from sklearn.datasets import load_digits
5.  from sklearn.model_selection import validation_curve
6.  from matplotlib.font_manager import FontProperties
7.  import matplotlib.pyplot as plt
8.
9.  # 导入系统自带的手写数字特征向量数据集
10. X, y = load_digits(return_X_y=True)
11.
12. # 构造 validation_curve() 的参数
13. param_range = np.logspace(-6, -1, 5)
14. print(param_range)
15. # 交叉验证参数cv默认为5，表示划分5组
16. train_scores, test_scores = validation_curve(
17.         SVC(), X, y, param_name="gamma", param_range=param_range,
18.         scoring="accuracy", n_jobs=1)
19.
20. train_scores_mean = np.mean(train_scores, axis=1)
21. train_scores_std = np.std(train_scores, axis=1)
22. test_scores_mean = np.mean(test_scores, axis=1)
23. test_scores_std = np.std(test_scores, axis=1)
24.
25. # 绘制图形
26. fig = plt.figure(figsize=(10,6))    # 设置当前figure的大小。
27. fig.canvas.manager.set_window_title("交叉验证曲线")  # Matplotlib >= 3.4
28. #fig.canvas.set_window_title("交叉验证曲线")  # Matplotlib < 3.4
29.
30. ### 构建一个字体对象，以使 matplotlib.pyplot 支持中文
31. font = FontProperties(fname='C:\\Windows\\Fonts\\SimHei.ttf', size=12)
32.
33. plt.title("模型SVM交叉验证曲线", fontproperties=font)
34. plt.xlabel(r"$\gamma$")
35. plt.ylabel("评分", fontproperties=font)
36. plt.ylim(0.0, 1.1)
37.
38. plt.semilogx(param_range, train_scores_mean, label="训练评分",
39.              color="darkorange", lw=2)
40. plt.fill_between(param_range, train_scores_mean - train_scores_std,
41.                  train_scores_mean + train_scores_std, alpha=0.2,
42.                  color="darkorange", lw=2)
43.
```

```
44. plt.semilogx(param_range, test_scores_mean, label="交叉验证评分",
45.              color="navy", lw=2)
46. plt.fill_between(param_range, test_scores_mean - test_scores_std,
47.                  test_scores_mean + test_scores_std, alpha=0.2,
48.                  color="navy", lw=2)
49.
50. # 使图例(legend)支持中文
51. plt.legend(loc='best',fancybox=True, shadow=True, prop=font)
52.
53. plt.show()
54.
```

运行后，输出的图形如图4-4所示。

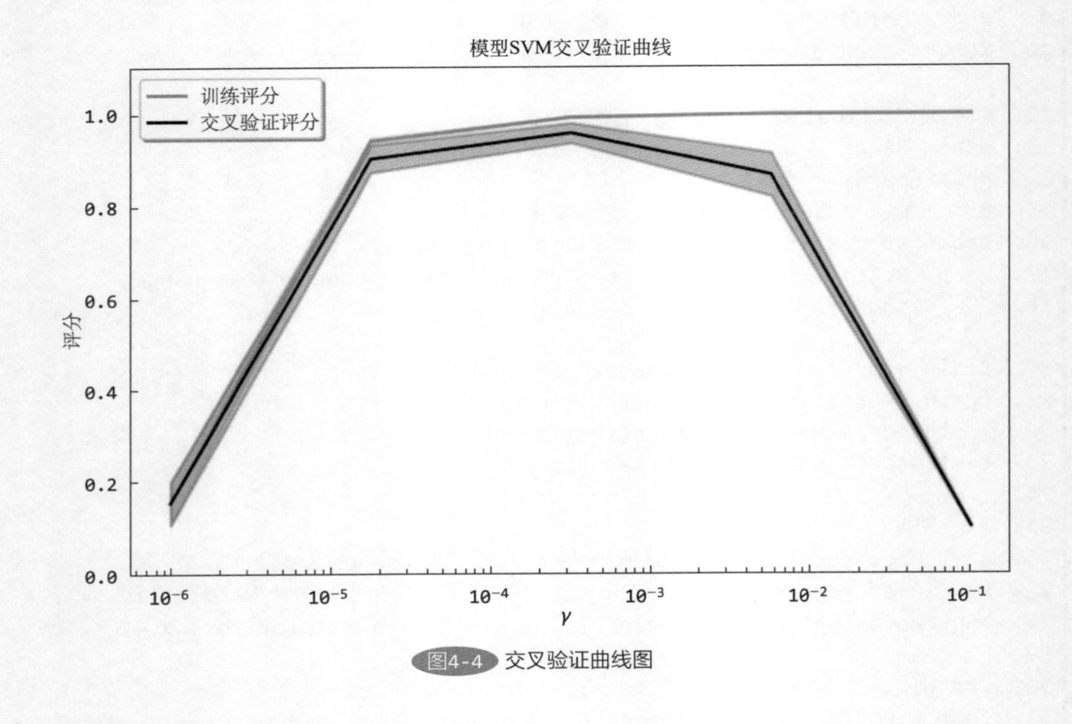

图4-4 交叉验证曲线图

如果训练评分（基于训练数据集的评分）和交叉验证评分（基于交叉验证数据集的评分）都比较小的话，说明模型是欠拟合的；如果训练评分比较高，但是交叉验证评分比较低，说明模型可能是过拟合，但是也可能表示模型非常好；一般不会出现训练评分比较低，而交叉验证评分比较高的情况。下面我们以例子的形式说明偏差和方差对模型性能的影响。

4.4.2 学习曲线

学习曲线展示了一个模型（评估器）的训练评分和验证评分与训练数据集大小的

关系。从中可以发现增加训练样本数量对模型性能的影响趋势，以及模型是更容易受到方差的影响，还是偏差的影响。

在Scikit-learn中，学习曲线方法sklearn.model_selection.learning_curve()可以计算大小不同的训练数据集下的训练评分和交叉验证评分。在这个方法中，一个交叉验证生成器把整个数据集划分成K份（K折），其中包含了训练数据集和验证数据集。不同比例的训练数据子集用于训练评估器（模型），同时计算对应的训练评分和验证评分，并可以计算K次迭代的评分均值。方法learning_curve()的各个参数说明如表4-13所示。

表4-13 学习曲线方法learning_curve()

名称	sklearn.model_selection.learning_curve	
声明	learning_curve（estimator, X, y, *, groups=None, train_sizes=array [0.1, 0.33, 0.55, 0.78, 1.0], cv=None, scoring=None, exploit_incremental_learning=False, n_jobs=None, pre_dispatch='all', verbose=0, shuffle=False, random_state=None, error_score=nan, return_times=False, fit_params=None）	
参数	estimator	必选。实现了方法fit()和predict()的评估器对象
	X	必选。形状shape为(n_samples, n_features)的类数组对象，包含了拟合所需的数据，传递给评估器estimator的fit()方法
	y	可选。形状shape为(n_samples,)或(n_samples, n_outputs)的类数组对象，包含了有监督学习算法需要的目标变量值。 默认值为None
	groups	可选。形状shape(n_samples,)的数组，包含了每个样本的标签，用于在划分训练和测试数据集时使用。 注：仅用于组交叉验证对象使用，例如GroupKFold。 默认值为None，表示每个样本不设置标签
	train_sizes	可选。一个形状shape为(n_ticks,)的类数组对象，其中元素表示为了生成学习曲线而参与的训练数据样本数量。如果元素为小于1的浮点数，表示占总训练数据集的相对数量(百分比)；如果元素为大于1的整数，表示绝对数量。其中n_ticks表示参与计算评分的训练数据集的次数。 默认值为numpy.linspace(0.1, 1.0, 5)，即：[0.1, 0.33, 0.55, 0.78, 1.0]，即把总训练数据集划分为5份。 注：对应分类预测问题，每次参与训练的样本数据，必须每个类别中至少有一个本类别的样本
	cv	可选。一个正整数，或者一个交叉验证生成器，或者一个可回调函数（对象），指定计算过程中使用的交叉验证方法。 具体取值请参见表4-3 cross_validate()方法的参数(cv)
	scoring	可选。可以是一个字符串，或者具有评分功能的可回调函数（对象），表示在数据集上验证模型优劣的策略。 具体取值请参见表4-3 cross_validate()方法的参数(scoring)
	exploit_incremental_learning	可选。一个布尔变量，表示是否支持增量学习(incremental learning)。如果评估器（模型）estimator支持增量学习的话，本参数设置为True，可以提升学习拟合的效率

续表

参数	n_jobs	可选。一个整数值或None，表示计算过程中所使用的最大并行计算任务数（可以理解为线程数量）。 具体取值请参见表4-3 cross_validate()方法的参数(n_jobs)
	pre_dispatch	可选。可以是一个整数，或者一个字符串，或者None，用于控制并行工作数量。 具体取值请参见表4-3 cross_validate()方法的参数(pre_dispatch)
	verbose	可选。一个整数值，用来设置输出结果的详细程度。 默认为0，表示不输出运行过程中的各种信息
	shuffle	可选。一个布尔值，表示按照参数train_sizes进行获取训练数据集时，是否需要对训练数据随机排序（洗牌）。 默认值为False
	random_state	可选。可以是一个整型数（随机数种子），一个numpy.random.RandomState对象，或者为None，用于设置了一个随机数种子。用于Shuffle设置为True时有效。 具体取值请参见表4-6 哑分类评估器DummyClassifier的参数（random_state）。 默认值为None
	error_score	可选。可设置为"raise"，或者一个数值，指定当评估器estimator拟合过程中出现异常错误时应返回的评分值。 具体取值请参见表4-3 cross_validate()方法的参数(error_score)
	return_times	可选。一个布尔值，表示是否返回拟合所用的时间，以及评分所用的时间。 默认值为False
	fit_params	可选。一个字典对象，包含了传递给评估器estimator用于调用fit()函数的参数。 默认值为None，表示不传递任何额外参数，也就是评估器estimator的fit()函数使用自己默认的参数
返回值		（1）train_sizes_abs：形状shape为(n_unique_ticks,)的数组对象，包含了用于生成学习曲线的实际训练样本数量。注意：由于存在重复数据的原因，实际划分总训练数据集的次数n_unique_ticks有可能小于参会时train_sizes中的n_ticks。 （2）train_scores：形状shape为(n_ticks, n_cv_folds)的数组对象，包含了基于不同大小的训练数据集的评分。其中n_cv_folds为交叉验证的划分折数。 （3）test_scores：形状shape为(n_ticks, n_cv_folds)的数组对象，包含了基于验证数据集的评分。 （4）fit_times：形状shape为(n_ticks, n_cv_folds)的数组对象，包含了拟合评估器所需的时间（单位为秒）。只有在return_times设置为True时有效。 （5）score_times：形状shape为(n_ticks, n_cv_folds)的数组对象，包含了评分过程所需的时间（单位为秒）。只有在return_times设置为True时有效

下面我们以例子说明学习曲线方法learning_curve()的使用。在下面的例子中，仍然使用了系统自带的手写数字数据集，根据learning_curve()的返回值进行图形绘制。在这里例子中，我们使用了两种评估器（模型）：朴素贝叶斯分类模型（GaussianNB）和支持向量分类模型（SVC）。请看代码（learning_curve.py）：

```
1.
2.    import numpy as np
3.    from sklearn.naive_bayes import GaussianNB
4.    from sklearn.svm import SVC
5.    from sklearn.datasets import load_digits
6.    from sklearn.model_selection import learning_curve
7.    from sklearn.model_selection import ShuffleSplit
8.    import matplotlib.pyplot as plt
9.    from matplotlib.font_manager import FontProperties
10.
11.   # 定义一个绘图函数，绘制三个图形
12.   # 1）测试和训练学习曲线；
13.   # 2）训练样本个数与训练时间的关系曲线；
14.   # 3）训练时间与评分的关系曲线。
15.   # 其中需要说明的参数
16.   # axes : 形状shape为(3,)的数组，包含坐标轴Axis对象，用于绘制曲线
17.   # ylim : 形状shape为(2,)的数组，定义了Y轴坐标的上限值和下限值
18.   def plot_learning_curve(estimator, title, X, y, axes=None, ylim=None,
      cv=None,
19.                           n_jobs=None, train_sizes=np.linspace(.1, 1.0,
      5), font=None):
20.
21.       if axes is None:
22.           _, axes = plt.subplots(1, 3, figsize=(20, 5))
23.
24.       axes[0].set_title(title, fontproperties=font)
25.       if ylim is not None:
26.           axes[0].set_ylim(*ylim)
27.       axes[0].set_xlabel("训练样本个数", fontproperties=font)
28.       axes[0].set_ylabel("评分", fontproperties=font)  #"Score"
29.
30.       train_sizes, train_scores, valid_scores, fit_times, _ = \
31.           learning_curve(estimator, X, y, cv=cv, n_jobs=n_jobs,
32.                          train_sizes=train_sizes,
33.                          return_times=True)
34.       train_scores_mean = np.mean(train_scores, axis=1)
35.       train_scores_std  = np.std(train_scores, axis=1)
36.       valid_scores_mean = np.mean(valid_scores, axis=1)
37.       valid_scores_std  = np.std(valid_scores, axis=1)
38.       fit_times_mean    = np.mean(fit_times, axis=1)
39.       fit_times_std     = np.std(fit_times, axis=1)
40.
41.       # 绘制学习曲线
42.       axes[0].grid()
43.       axes[0].fill_between(train_sizes, train_scores_mean - train_
      scores_std,
44.                            train_scores_mean + train_scores_
      std, alpha=0.1,
```

```
45.                               color="r")
46.      axes[0].fill_between(train_sizes, valid_scores_mean - valid_
    scores_std,
47.                                       valid_scores_mean + valid_scores_
    std, alpha=0.1,
48.                               color="g")
49.     axes[0].plot(train_sizes, train_scores_mean, 'o-', color="r",
50.                  label="训练评分")
51.     axes[0].plot(train_sizes, valid_scores_mean, 'o-', color="g",
52.                  label="交叉验证评分")
53.     axes[0].legend(loc="best", prop=font)
54.
55.     # 绘制样本个数与训练时间的关系曲线
56.     axes[1].grid()
57.     axes[1].plot(train_sizes, fit_times_mean, 'o-')
58.     axes[1].fill_between(train_sizes, fit_times_mean - fit_times_std,
59.                          fit_times_mean + fit_times_std, alpha=0.1)
60.     axes[1].set_xlabel("训练样本个数", fontproperties=font)
61.     axes[1].set_ylabel("训练时间", fontproperties=font)
62.     axes[1].set_title("模型伸缩性", fontproperties=font)
63.
64.     # 绘制训练时间与评分的关系曲线
65.     axes[2].grid()
66.     axes[2].plot(fit_times_mean, valid_scores_mean, 'o-')
67.      axes[2].fill_between(fit_times_mean, valid_scores_mean - valid_
    scores_std,
68.                                       valid_scores_mean + valid_scores_
    std, alpha=0.1)
69.     axes[2].set_xlabel("训练时间", fontproperties=font)
70.     axes[2].set_ylabel("评分", fontproperties=font)
71.     axes[2].set_title("模型的性能", fontproperties=font)
72.
73.     return plt
74.
75.
76. # 主程序
77. # 导入系统自带的手写数字图片数据集
78. X, y = load_digits(return_X_y=True)
79.
80. #                                figsize设置图形的大小，10英寸宽，15英寸高
81. fig, axes = plt.subplots(3, 2, figsize=(10, 15))
82. plt.subplots_adjust(wspace=0.4, hspace=0.4)
83. font = FontProperties(fname='C:\\Windows\\Fonts\\SimHei.
    ttf') # , size=16
84.
85.
86. title = "学习曲线(朴素贝叶斯)"
```

```
87.  # 交叉验证划分组数（折数）为100(n_splits=100)，可以得到比较平滑的曲线
88.  cv = ShuffleSplit(n_splits=100, test_size=0.2, random_state=0)
89.
90.  estimator = GaussianNB()
91.  plot_learning_curve(estimator, title, X, y, axes=axes[:, 0], ylim=(0.
     7, 1.01),
92.                      cv=cv, n_jobs=4, font=font)
93.
94.  title = "学习曲线(SVM, 核函数RBF, γ =0.001)"
95.  # 支持向量分类SVC是比较费时的，所以这里的交叉验证划分组数（折数）比较少(n_
     splits=10)
96.  cv = ShuffleSplit(n_splits=10, test_size=0.2, random_state=0)
97.  estimator = SVC(gamma=0.001)
98.  plot_learning_curve(estimator, title, X, y, axes=axes[:, 1], ylim=(0.
     7, 1.01),
99.                      cv=cv, n_jobs=4, font=font)
100.
101. plt.show()
102.
```

运行后，输出的图形如图4-5所示。

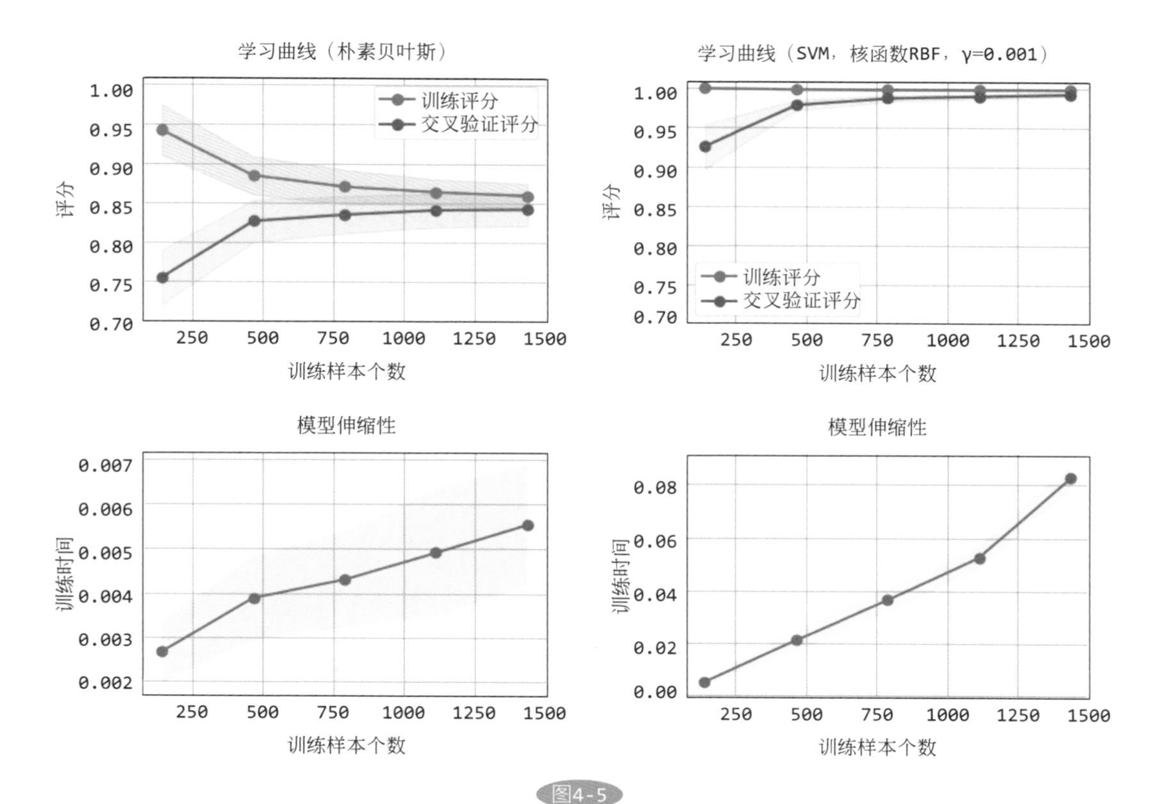

图4-5

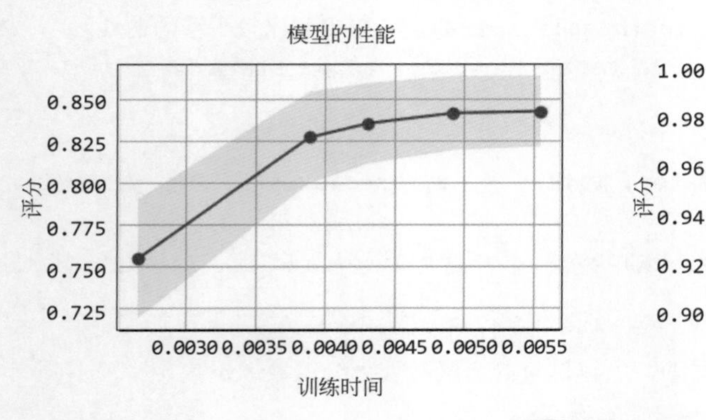

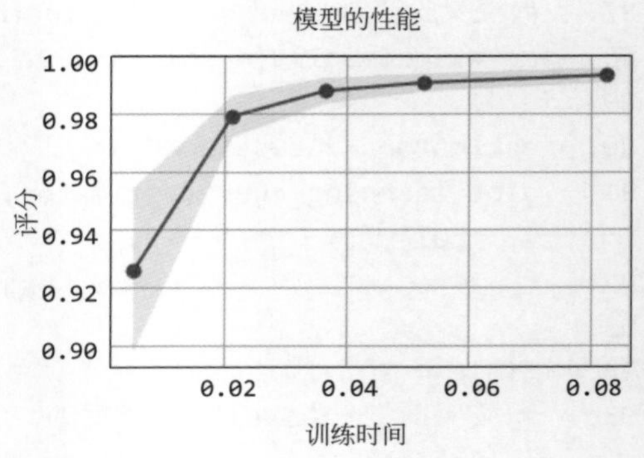

图4-5 学习曲线

对于朴素贝叶斯模型GaussianNB，验证评分和训练评分随着训练样本个数的增加，两者逐步收敛到一个较低的值。很明显，此时我们不会从更多的训练数据中受益；对于支持向量分类模型SVC，当训练数据样本数量较小时，交叉验证评分远远小于训练评分，但是当随着训练样本数量的增加，两者逐步收敛在一起，且在较高的位置，说明模型的泛化能力逐步增强。

5 异常检测

在很多应用场景中，需要确定一个新的观测样本是否与已有数据集具有同样的分布。如果这个新样本与已有数据集具有同样的分布，则称此样本为一个内点（inlier），否则称为外点（outlier）。其中外点也称为离群点，或异常点（abnormalitier）。

离群点是指与平均值差别较大的极端大值和极端小值，也就是远离大多数样本的点，它们是明显不同于其他数据点的数据。通常把包含离群点的数据集称为损坏数据集（corrupted data set），或者脏数据集（dirty data set），或者污染数据集（polluted data set）。

在构建模型时，训练样本集中存在的离群点（outliers）对最终模型的效果影响很大。所以，通常的做法是事先对训练样本数据集进行预处理，剔除离群点，再进行算法训练，构建模型。

内点和外点的区别如图5-1所示。

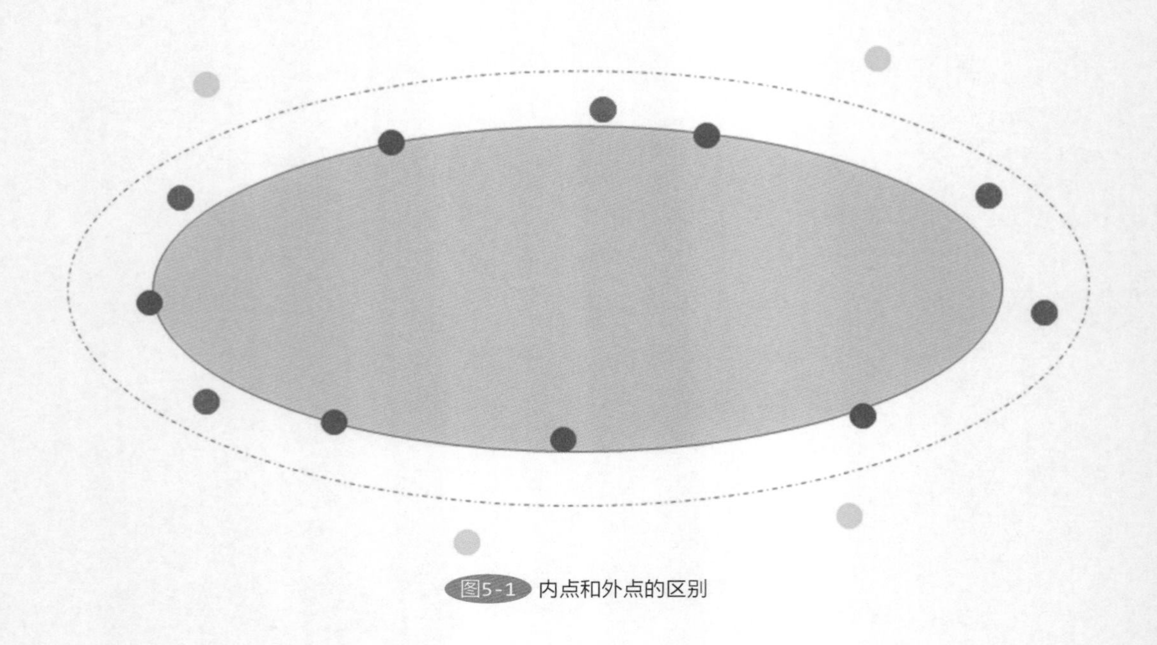

图5-1 内点和外点的区别

在图5-1中，蓝色数据点为模型拟合所用的内点，红色点为距离内点边缘小于等于某一阈值的点，而黄色点为大于阈值的点。在这里，蓝色样本点+红色样本点都称为内点，黄色样本点称为外点。一般来说，外点包括离群值和噪声数据。

异常检测技术的目标就是找出异常或罕见的数据点，包含离群点检测和新颖点检测两种技术，适用于不同的场景。

（1）离群点检测（outlier detection）。离群点检测算法是基于包含了离群点的数据集（污染数据集）训练检测算法，最大程度地拟合数据最集中的区域，找出或忽略异常样本点。这是一种无监督学习的异常检测技术。

在离群点检测场景中，检测算法假定离群点是那些处于低密度区域的数据点，即它们不能形成高密度的集群。

（2）新颖点检测（novelty detection）。新颖点检测算法是基于良好数据集（没有被污染）训练检测算法。其目标是判断一个新的样本是否属于一个离群点。此时，一个离群点常常称为新颖点（novelty），这是一种半监督学习的异常检测技术。

在新颖点检测场景中，检测算法预测新颖点将处于训练数据集中的低密度区域，但它们是有可能形成高密度集群的。

5.1 新颖点检测

给定一个由p个特征变量描述的、来自同一分布的数据集（样本个数为N）。现在出现一个新的观测点，我们将判断这个新数据是否与原数据集中的数据点明显不同（例如它是否来自同一个分布），以至于不得不怀疑它来自另外一个分布？或者从一个角度看，这个新数据点是否与原数据集中数据点高度相似，以至于不能将它们区分开？这就是新颖点检测要解决的问题。

新颖点检测算法将构建一个封闭的p维边界，刻画出原始数据集的分布。如果新的数据点位于p维边界所代表的空间内，则认为这个新数据点与原始数据集来自同一个分布，不属于新颖点；否则将被确认为新颖点。

在Scikit-learn提供的支持向量机子模块中，实现了单类支持向量机评估器SVM（sklearn.svm.OneClassSVM），它是由舒尔科夫（Schölkopf）提出的单类支持向量机模型，可以用来进行新颖点检测。它基于支持向量机模型SVM，实现了单一类别分类，进行新颖点检测。关于支持向量机SVM的有关知识，可参阅笔者的《Scikit-learn机器学习详解（下）》一书。

表5-1详细说明了sklearn.svm.OneClassSVM评估器的构造函数及其属性和方法。它与支持向量分类评估器sklearn.svm.SVC的参数非常类似。

表5-1 单类支持向量机评估器OneClassSVM

<table>
<tr><td>名称</td><td colspan="2">sklearn.svm.OneClassSVM</td></tr>
<tr><td>声明</td><td colspan="2">OneClassSVM（*, kernel='rbf', degree=3, gamma='scale', coef0=0.0, tol=0.001, nu=0.5, shrinking=True, cache_size=200, verbose=False, max_iter=-1）</td></tr>
<tr><td>参数</td><td>kernel</td><td>可选。可以为一个字符串或可回调函数（对象）。
● 当取值为字符时，可取值"linear"、"poly"、"rbf"、"sigmoid"、"precomputed"，表示算法使用的核函数类型。其中：</td></tr>
</table>

续表

参数	kernel	✧ "linear"：线性核函数； ✧ "poly"：多项式核函数； ✧ "rbf"：径向基核函数； ✧ "sigmoid"：Sigmoid核函数； ✧ "precomputed"：预先计算的核矩阵。这个核矩阵是从训练数据集中计算，此时设计矩阵的形状shape应为(n_samples, n_samples)。 ● 当设置为一个可回调函数（对象），此时将用于预先计算核矩阵。 默认值为"rbf"
	degree	可选。一个正整数，表示多项式核函数的幂级数。仅kernel设置为"poly"时有效。 默认值为3
	gamma	可选。一个字符串值，或一个浮点数，表示指定核函数的系数。 ● 当取值为字符时，可取值"scale"、"auto"，表示算法使用的核函数类型。其中： ✧ "scale"：此时核函数的γ值计算公式为：1/（n_features * X.var()）； ✧ "auto"：此时核函数的γ值计算公式为：1/n_features。 ● 设置为一个浮点数时，浮点数值即为γ值。 默认值为"scale"。 注：此参数仅kernel设置为"rbf"、"poly"、"sigmoid"时有效
	coef0	可选。一个浮点数，表示核函数中的独立项。 默认值为0.0。 注：此参数仅kernel设置为"poly"、"sigmoid"时有效
	tol	可选。一个浮点数，指定迭代训练停止的条件。 默认值为0.001(1e-3)
	nu	可选。一个浮点数，表示错分样本数量所占比例的上界，支持向量个数所占比例的下界，代表了在封闭的p维边界外找到一个新的，但是属于正常数据点的概率。取值范围为(0,1]。 默认值为0.5
	shrinking	可选。一个布尔变量值，表示是否使用缩减启发式求解。当参数max_iter增加时，设置此参数为True，可以缩短迭代时间。 默认值为True
	cache_size	可选。一个浮点数，表示求解核函数过程中的缓冲区大小(单位MB)。 默认值为200(MB)
	verbose	可选。可以是一个布尔值，或者一个整数，用来设置输出结果的详细程度。 默认为False
	max_iter	可选。一个正整数，设置求解过程中所使用的最大迭代次数。 默认值为-1，表示不限制最大迭代次数

续表

<table>
<tr><td rowspan="12">OneClassSVM的属性</td><td>coef_</td><td colspan="2">形状shape为(1, n_features)的数组。表示线性回归方程的特征变量的权重，只有参数kernel设置为"linear"时有效</td></tr>
<tr><td>dual_coef_</td><td colspan="2">形状shape为(1, n_SV)，表示决策函数中支持向量的共轭系数。其中n_SV为支持向量的个数</td></tr>
<tr><td>fit_status_</td><td colspan="2">一个整数值，表示模型拟合的程度。0表示拟合优度高；1表示拟合程度差(有可能引起告警)</td></tr>
<tr><td>intercept_</td><td colspan="2">形状shape为(1,)的数组，表示决策函数中的截距</td></tr>
<tr><td>n_features_in_</td><td colspan="2">一般整型数，表示构建模型时使用的特征数量，即调用fit()函数时，训练样本中所包含的特征数量</td></tr>
<tr><td>feature_names_in_</td><td colspan="2">一个形状shape为(n_features_in_,)的数组，表示调用fit()函数时，样本特征的名称。
注：只有原始总数据集中的特征有名称时才有效</td></tr>
<tr><td>n_support_</td><td colspan="2">元素数据类型为整型，形状shape为(n_classes,)的数组，表示每个类别值对应的支持向量的个数</td></tr>
<tr><td>offset_</td><td colspan="2">一个浮点数，基于原始分数定义决策函数所使用的偏移量。决策函数与样本评分函数之间的关系如下：
decision_function = score_samples - offset_</td></tr>
<tr><td>shape_fit_</td><td colspan="2">形状shape为(n_dimensions_of_X,)的元组对象，表示训练数据向量集X的维数</td></tr>
<tr><td>support_</td><td colspan="2">形状shape为(n_SV,)的数组，表示所有支持向量在训练数据集中的索引</td></tr>
<tr><td>support_vectors_</td><td colspan="2">形状shape为(n_SV, n_features)的数组，表示所有的支持向量</td></tr>
<tr style="display:none"><td></td><td colspan="2"></td></tr>
<tr><td rowspan="7">OneClassSVM的方法</td><td rowspan="2">decision_function(X)：返回数据集X到分割平面的符号距离。正距离值表示内点，负距离值表示外点</td><td>X</td><td>必选。形状shape为(n_samples, n_features)的数组，表示样本数据集合</td></tr>
<tr><td>返回值</td><td>形状shape为(n_samples,)的数组，返回距离值</td></tr>
<tr><td rowspan="5">fit(X, y=None, sample_weight=None, **params)：根据给定的训练数据集，拟合OneClassSVM模型</td><td>X</td><td>必选。类数组对象或稀疏矩阵类型对象，其形状shape为(n_samples,n_features)，表示训练数据集，其中n_samples为样本数量，n_features为特征变量数量</td></tr>
<tr><td>y</td><td>可选。本方法将忽略本参数</td></tr>
<tr><td>sample_weight</td><td>可选。形状shape为(n_samples,)的数组，表示每个样本的权重。
默认值为None，即每个样本的权重一样（为1）</td></tr>
<tr><td>params</td><td>额外的参数</td></tr>
<tr><td>返回值</td><td>训练后的单类支持向量评估器</td></tr>
</table>

续表

OneClassSVM的方法	fit_predict(X, y=None)：首先对模型进行拟合，然后返回X的标签。如果返回1表示内点，-1表示外点	X	必选。类数组对象或稀疏矩阵类型对象，其形状shape为(n_samples,n_features)，表示训练数据集，其中n_samples为样本数量，n_features为特征变量数量
		y	可选。本方法将忽略本参数
		返回值	形状shape为(n_samples,)的数组，元素值为1表示对应的样本点为内点，-1表示对应的样本点为外点
	get_params(deep=True)：获取评估器的各种参数	deep	可选。布尔型变量，默认值为True。如果为True，表示不仅包含此评估器自身的参数值，还将返回包含的子对象(也是评估器)的参数值
		返回值	字典对象。包含（参数名称：值）的键值对
	predict(X)：使用拟合的模型对新数据进行分类预测	X	必选。类数组对象或稀疏矩阵类型对象，其形状shape为(n_samples,n_features)，表示训练数据集。 如果参数kernel="precomputed"，则其形状shape应为(n_samples_test, n_samples_train)
		返回值	形状shape为(n_samples,)的数组，元素值为1表示对应的样本点为内点，-1表示对应的样本点为外点
	score_samples(X)：计算样本数据集X的(原始)评分。它与决策函数的关系请见上面属性offset_。 根据评分，配合一个阈值(如通过分位数函数获得)可以判断一个样本点是否为异常点。详见后面的示例	X	必选。类数组对象，其形状shape为(n_samples,n_features)，表示样本数据集
		返回值	形状shape为(n_samples,)的数组，表示样本数据的评分
	set_params(**params)：设置评估器的各种参数	params	字典对象，包含了需要设置的各种参数
		返回值	评估器自身

下面以示例方式说明单类支持向量评估器OneClassSVM的使用。在本例中，将使用两种方式检测异常点：

（1）使用预测方法predict()进行异常点检测；

（2）使用评分函数score_samples进行异常点检测。

示例中使用了make_blobs()生成了具有两个特征变量、一个类别标签的聚类数据集，然后使用OneClassSVM的相关方法展示了两种异常点检测的方法。请看代码(OneClassSVM.py)：

```
1.
2.  from sklearn.svm import OneClassSVM
3.  from sklearn.datasets import make_blobs
4.  from numpy import quantile, where, random
5.  from matplotlib.font_manager import FontProperties
6.  import matplotlib.pyplot as plt
7.
8.
9.  #0.1 生成用于聚类的具有各向同性的、符合高斯分布的数据集
10. random.seed(13)
11. #   两个特征变量，centers=1，即数据集包含的类别数
12. x, _ = make_blobs(n_samples=200, n_features=2, centers=1, cluster_
    std=.3, center_box=(8, 8))
13.
14. #0.2 初始化画布
15. fig = plt.figure(figsize=(12, 6))
16. fig.canvas.manager.set_window_title("OneClassSVM异常检测")  # Matplotlib
    >= 3.4
17. #fig.canvas.set_window_title("OneClassSVM异常检测")          # Matplotlib
    < 3.4
18.
19. #0.3 声明一个字体对象，后面绘图使用
20. font  =  FontProperties(fname="C:\\Windows\\Fonts\\SimHei.ttf")   # ,
    size=16
21.
22. # 下面是两种进行异常检测的方式
23. #1 方法1：使用预测方法predict()进行异常点检测
24. #1.1 定义OneClassSVM()对象
25. svm = OneClassSVM(kernel='rbf', gamma=0.001, nu=0.03)
26.
27. #1.2 拟合模型，并进行预测
28. svm.fit(x)
29. pred = svm.predict(x)
30.
31. #1.3 过滤出预测值为-1的样本点（为异常值，外点）
32. anom_index = where(pred==-1)
33. anom_values_1 = x[anom_index]
34.
35. #1.4 可视化异常点，并把异常点使用红色显示
36. plt.subplot(1, 2, 1)  # 1行，两列，当前为第 1 个Axes
37. plt.scatter(x[:,0], x[:,1])
38. plt.scatter(anom_values_1[:,0], anom_values_1[:,1], color='r')
39. plt.title("predict()方法", fontproperties=font)
40.
41. #2 方法2：使用评分函数score_samples进行异常点检测
42. #2.1 定义OneClassSVM()对象。为了对比，使用与第一种方法相同的参数
43. svm = OneClassSVM(kernel='rbf', gamma=0.001, nu=0.03)
44.
```

```
45. #2.2 拟合模型，并计算样本的评分
46. pred = svm.fit_predict(x)
47. scores = svm.score_samples(x)
48.
49. #2.3 使用分位数函数获得一个阈值。本例中使用最低的4%分数值为阈值
50. #     也就是说，低于这个分位数值的样本点为异常点
51. threshold = quantile(scores, 0.04)
52.
53. #2.4 分数与阈值比较，获得异常点
54. anom_index = where(scores<=threshold)
55. anom_values_2 = x[anom_index]
56.
57. #2.5 可视化异常点，并把异常点使用红色显示
58. plt.subplot(1, 2, 2)  # 1行，两列，当前为第 2 个Axes
59. plt.scatter(x[:,0], x[:,1])
60. plt.scatter(anom_values_2[:,0], anom_values_2[:,1], color='r')
61. plt.title("score_samples方法(阈值%.4f)" % (threshold), fontproperties=
    font)
62.
63. #3 最后可视化显示
64. plt.show()
65.
```

运行后，输出图5-2所示的图形。

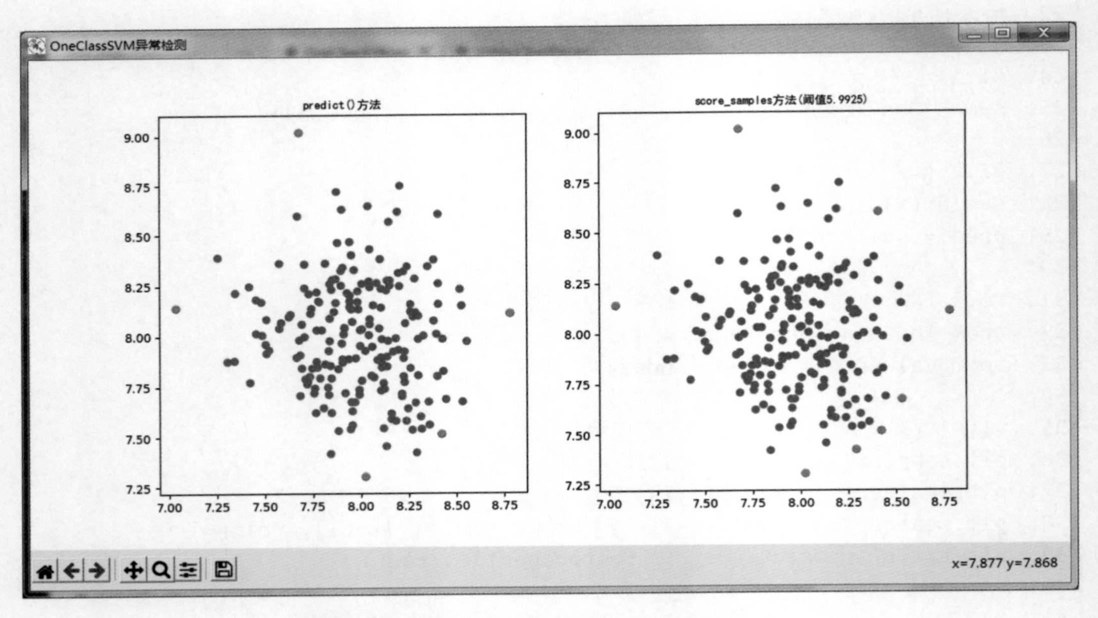

图5-2 单类支持向量机评估器OneClassSVM示例图

在Scikit-learn中，同时提供了一个单类支持向量评估器OneClassSVM的

在线实现版本：随机梯度下降单类支持向量评估器sklearn.linear_model.SGDOneClassSVM()。这里不再赘述。

5.2 离群点检测

离群点检测的目标与新颖点检测的目标一样，也是通过训练检测算法，使得模型能够把正常样本点和离群点分开。但是与之不同的是，离群点检测所使用的数据集是污染数据集，即包含有离群点。现在我们要解决的问题就是如何把这些离群点找出来。

Scikit-learn提供了一套无监督学习的工具，用于进行离群点检测。

5.2.1 椭圆包络线算法

实现离群点检测时，一个常用的假设是：正常数据是来自一个已知确定的分布（如高斯分布）。基于此假设，根据给定数据集，就可以定义数据的“形状”。这样，我们就可以分辨出那些离数据的形状足够远的离群点。

例如，假设内点（正常数据）符合高斯分布，则可以估计内点的位置和协方差，进而使用马氏距离（Mahalanobis distance）作为判别离群点的指标。对于一个数据点x_i，它的马氏距离计算公式如下：

$$d_{(\mu,\Sigma)}(x_i)=(x_i-\mu)^{T}\Sigma^{-1}(x_i-\mu)$$

式中，μ、Σ为高斯分布的位置及协方差。马氏距离表示数据点的协方差距离。

椭圆包络线算法（elliptical envelope methond）将创建一个椭圆区域，所有落在椭圆区域内的数据归属于正常点，落在椭圆区域外的数据归类为离群点（外点）。如图5-3所示。

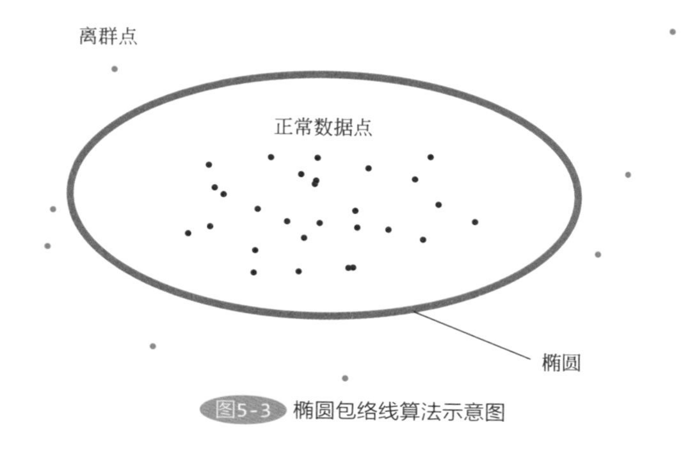

图5-3 椭圆包络线算法示意图

在Scikit-learn中，提供了椭圆包络线评估器sklearn.covariance.EllipticEnvelope。表5-2详细说明了EllipticEnvelope评估器的构造函数及其属性和方法。

表5-2 椭圆包络线评估器EllipticEnvelope

名称	sklearn.covariance.EllipticEnvelope	
声明	EllipticEnvelope(*, store_precision=True, assume_centered=False, support_fraction=None, contamination=0.1, random_state=None)	
参数	store_precision	可选。一个布尔变量值，指定是否存储估计的精度数值。 默认值为True
	assume_centered	可选。一个布尔变量值。当设置为True时，将通过计算实现对数据分布位置和协方差支持，这对数据集均值明显接近于0，但又不是恰好等于0的情况，非常有利于模型训练；如果设置为False，则对分布位置和协方差的估计将直接使用FastMCD算法进行。 默认值为False。 注：FastMCD表示快速最小协方差行列式MCD(Minimum Covariance Determinant)
	support_fraction	可选。一个浮点数，表示在估计原始协方差行列式(Raw MCD)时应考虑多少百分比的数据点。取值范围为(0,1)。 如果设置为None，则取值如下： [n_sample+n_features+1]/2。 默认值为None
	contamination	可选。一个浮点数，指定数据集的污染率，也就是数据集中离群点所占的比例。取值范围为(0,0.5]。 默认值为0.1
	random_state	可选。可以是一个整型数（随机数种子），一个numpy.random.RandomState对象，或者为None，用于设置了一个随机数种子。应用于对数据集进行随机排序(洗牌)时的随机数种子。 具体取值请参见表4-6 哑分类评估器DummyClassifier的参数(random_state) 默认值为None
	在高维数据集中，这种基于协方差估计的离群点检测技术性能可能不是很好。特别的，样本个数需要大于特征个数的平方，即：n_samples > n_features**2	
EllipticEnvelope的属性	location_	形状shape为(n_features,)的数组，表示估计的数据分布位置参数

续表

<table>
<tr><td rowspan="10">EllipticEnvelope的属性</td><td>covariance_</td><td colspan="2">形状shape为(n_features, n_features)的数组，表示估计的特征变量协方差矩阵</td></tr>
<tr><td>precision_</td><td colspan="2">形状shape为(n_features, n_features)的数组，表示估计的伪逆矩阵。仅在参数store_precision设置为True是有效</td></tr>
<tr><td>support_</td><td colspan="2">形状shape为(n_samples,)的数组，表示用于计算数据分布的位置参数和形状的样本数据掩码。如果值为True，则进入计算；如果值为False，则不进入计算</td></tr>
<tr><td>offset_</td><td colspan="2">一个浮点数，基于原始分数定义决策函数所使用的偏移量。决策函数与样本评分函数之间的关系如下：
decision_function = score_samples - offset_</td></tr>
<tr><td>raw_location_</td><td colspan="2">形状shape为(n_features,)的数组，表示在调整之前的原始数据集位置参数</td></tr>
<tr><td>raw_covariance_</td><td colspan="2">形状shape为(n_features, n_features)的数组，表示在调整之前的原始数据集协方差矩阵</td></tr>
<tr><td>raw_support_</td><td colspan="2">形状shape为(n_samples,)的数组，表示在调整之前的用于计算数据分布的位置参数和形状的样本数据掩码</td></tr>
<tr><td>dist_</td><td colspan="2">形状shape为(n_samples,)的数组，表示训练集中样本的马氏距离(在调用fit()函数时)</td></tr>
<tr><td>n_features_in_</td><td colspan="2">一个正整数，表示拟合评估器时所使用的特征变量个数</td></tr>
<tr><td>feature_names_in_</td><td colspan="2">形状shape为(n_features_in_,)的数组，表示拟合评估器时所使用的特征变量名称。仅在训练数据集有名称时有效</td></tr>
<tr><td rowspan="4">EllipticEnvelope的方法</td><td rowspan="2">correct_covariance(data)：使用由Rousseeuw and Van Driessen提出的经验修正系数调整原始最小协方差行列式的估计</td><td>data</td><td>必选。形状shape为(n_samples, n_features)的数组(矩阵)。这个数据集必须是用于计算原始协方差的</td></tr>
<tr><td>返回值</td><td>形状shape为(n_features, n_features)的数组，表示修正后的协方差矩阵</td></tr>
<tr><td rowspan="2">decision_function(X)：返回数据集X的决策函数值</td><td>X</td><td>必选。形状shape为(n_samples, n_features)的数组，表示样本数据集合</td></tr>
<tr><td>返回值</td><td>形状shape为(n_samples,)的数组，表示样本的决策函数值，它等于移位马氏距离。注意：离群值的阈值为0，这可以保证与其他离群值检测算法的兼容性</td></tr>
</table>

续表

EllipticEnvelope的方法	error_norm(comp_cov, norm='frobenius', scaling=True, squared= True)：计算两个协方差矩阵之间的均方误差	comp_cov	必选。形状shape为(n_features, n_features)的数组，表示待比较的协方差矩阵
		norm	可选。一个字符串，用于指定计算误差的标准，取值范围为{"frobenius", "spectral"}。 默认值为"frobenius"
		scaling	可选。一个布尔变量值，指定平方误差是否除以n_features。 默认值为True
		squared	可选。一个布尔变量值，指定是否计算平方误差。如果设置为True，则使用平方误差标准计算，否则使用参数norm指定的标准计算。 默认值为True
		返回值	一个浮点数，表示计算的均方误差(在norm设置为"frobenius"时)
	fit(X, y=None)：根据给定的训练数据集，拟合椭圆包络线评估器EllipticEnvelope	X	必选。类数组对象或稀疏矩阵类型对象，其形状shape为(n_samples,n_features)，表示训练数据集，其中n_samples为样本数量，n_features为特征变量数量
		y	可选。本方法将忽略本参数
		返回值	训练后的椭圆包络线评估器
	fit_predict(X, y=None)：首先对模型进行拟合，然后返回X的标签。如果返回1表示内点，-1表示外点	X	必选。类数组对象或稀疏矩阵类型对象，其形状shape为(n_samples,n_features)，表示训练数据集，其中n_samples为样本数量，n_features为特征变量数量
		y	可选。本方法将忽略本参数
		返回值	形状shape为(n_samples,)的数组，元素值为1表示对应的样本点为内点，-1表示对应的样本点为外点
	get_params(deep=True)：获取评估器的各种参数	deep	可选。布尔型变量，默认值为True。如果为True，表示不仅包含此评估器自身的参数值，还将返回包含的子对象(也是评估器)的参数值
		返回值	字典对象。包含(参数名称：值)的键值对
	get_precision()：返回精度矩阵	返回值	形状shape为(n_features, n_features)的矩阵，表示与协方差矩阵对应的精度矩阵

续表

EllipticEnvelope的方法	mahalanobis(X)：根据给定的数据集X，计算平方马氏距离	X	必选。类数组对象或稀疏矩阵类型对象，其形状shape为(n_samples,n_features)，表示数据集，其中n_samples为样本数量，n_features为特征变量数量
		返回值	形状shape为(n_samples,)，包含了平方马氏距离值
	predict(X)：使用拟合的模型对新数据进行分类预测	X	必选。类数组对象或稀疏矩阵类型对象，其形状shape为(n_samples,n_features)，表示待预测数据集
		返回值	形状shape为(n_samples,)的数组，元素值为1表示对应的样本点为内点，-1表示对应的样本点为外点
	reweight_covariance(data)：重新加权原始最小协方差行列式估计。重新加权采用的方式是由Rousseeuw方法，也就是再计算分布位置和协方差时，删除离群点	data	必选。类数组对象或稀疏矩阵类型对象，其形状shape为(n_samples,n_features)，表示数据集，其中n_samples为样本数量，n_features为特征变量数量。这个数据集必须是计算原始估计值的数据集
		返回值	返回值由三个数组组成： (1)location_reweighted：形状shape为(n_features,)的数组，包含了重新加权后计算的位置数据。 (2)covariance_reweighted：形状shape为(n_features, n_features)的数组，包含了重新加权后计算的协方差矩阵。 (3)support_reweighted：形状shape为(n_samples,)的数组，包含了是否纳入重新加权计算的掩码
	score(X, y, sample_weight=None)：计算给定测试数据集的平均准确率	X	必选。类数组对象或稀疏矩阵类型对象，其形状shape为(n_samples,n_features)，表示测试数据集，其中n_samples为样本数量，n_features为特征变量数量
		y	必选。形状shape为(n_samples,)的数组，包含了测试样本的真实类别标签
		sample_weight	可选。形状shape为(n_samples,)的数组，包含了测试样本的权重。 默认值为None，表示所有样本的权重相同
		返回值	一个浮点数，表示平均准确率

续表

EllipticEnvelope的方法	score_samples(X)：计算马氏距离，并返回其相反值(负数)	X	必选。类数组对象，其形状shape为(n_samples,n_features)，表示样本数据集
		返回值	形状shape为(n_samples,)的数组，包含负马氏距离值
	set_params(**params)：设置评估器的各种参数	params	字典对象，包含了需要设置的各种参数
		返回值	评估器自身

下面给出一个使用椭圆包络线评估器的例子。在这个例子中，首先通过Pandas的DataFrame方法生成训练数据集，然后训练EllipticEnvelope模型，最后完成对新数据的预测功能。请看代码（EllipticEnvelope.py）：

```
1.
2.  import pandas as pd
3.  import numpy as np
4.  from sklearn.covariance import EllipticEnvelope
5.
6.  # 创建拟合（训练）数据集
7.  df = pd.DataFrame(np.array([[0,1], [1,1], [1,2], [2,2], [5,6]]), columns
    = ["x", "y"], index = [0,1,2,3,4])
8.
9.  # 并把数据集转变为Numpy数组格式
10. data = df[['x', 'y']].values
11.
12. # 初始化一个椭圆包络线评估器对象
13. # 参数contamination定义了训练数据集中离群点所占的百分比
14. model1 = EllipticEnvelope(contamination = 0.1)
15. # 拟合训练评估器，使之成为一个可以应用的模型
16. model1.fit(data)
17.
18. # 构建一个新的数据集（用于预测使用）
19. new_data = np.array([[10,10], [1,1], [1,1], [1,1]])
20. # 预测新数据（预测结果中，-1表示为离群点，1为正常点）
21. pred1 = model1.predict(new_data)
22.
23. # 输出
24. print("新数据集：\n", new_data, "\n")
25. print("预测结果：\n", pred1)
26.
```

上述代码运行后，输出结果如下：

```
1.  新数据集：
```

```
2.    [[10 10]
3.     [ 1  1]
4.     [ 1  1]
5.     [ 1  1]]
6.
7.   预测结果:
8.    [-1  1  1  1]
```

5.2.2 孤立森林算法

孤立森林算法iForest（isolation forest methond）认为离群点是“容易被孤立的异常点”，也就是那些分布稀疏且离高密度群体较远的点。从统计学角度看，在数据空间中，分布稀疏的区域表示数据发生在此区域的概率很低，因而可以认为落在这些区域里的数据是异常点（离群点）。

孤立森林算法iForest基于随机森林算法的一种高效的异常值检测技术。在每次节点划分中，随机挑选一个特征变量，并且在其最大值和最小值之间随机选择一个分割值进行划分，形成子节点。所以，隔离一个样本所需的划分次数就等于从根节点到叶子节点的路径长度。对于一个样本来说，路径长度越短，越有可能属于离群点，特别是那些“孤立的树iTrees（isolation trees）”，即路径长度为1的样本。图5-4展示这种方法的原理。

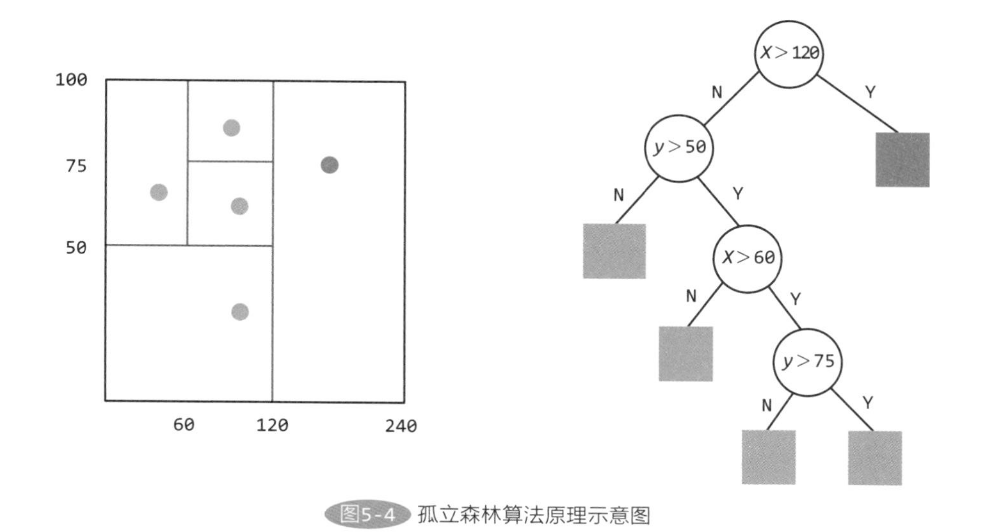

图5-4 孤立森林算法原理示意图

在Scikit-learn中，提供了一个基于极端回归树sklearn.tree.ExtraTreeRegressor实现的孤立森林评估器sklearn.ensemble.IsolationForest，这是一个集成学习模

型。由于孤立森林评估器的使用比较简单，这里不再赘述。关于集成学习的知识，请参阅前面第三章。

5.2.3 局部离群点因子算法

局部离群点因子算法LOF（Local Outlier Factor）是由Markus M. Breunig、Hans-Peter Kriegel等学者提出的一种基于密度的经典算法。可参阅他们在ACM SIGMOD 2000上发表的论文《LOF：identifying density-based local outliers》。

局部离群点因子算法的核心思想是：比较一个数据点p与其第K个最近距离内各点的局部密度（local density），如果它比其邻近点的局部密度低得多，则称点p为离群点。其中K为预先设置的参数（模型超参数）。为了更深入理解LOF的原理，需要我们熟悉几个概念。

（1）k-距离和k邻近点　k-距离（k-distance）表示距离点p第k近的距离，以$d_k(p)$表示，如图5-5所示（k=3）。

在以p为中心，$d_k(p)$为半径的圆覆盖的数据点（包括圆周上的点）均称为点p的k邻近点，即那些到点p的距离不超过$d_k(p)$的数据点，以$N_k(p)$表示，而$|N_k(p)|$表示$N_k(p)$内的数据点的数量。注意：由于有些点到p的距离可能相等，所以$|N_k(p)| \geqslant k$。

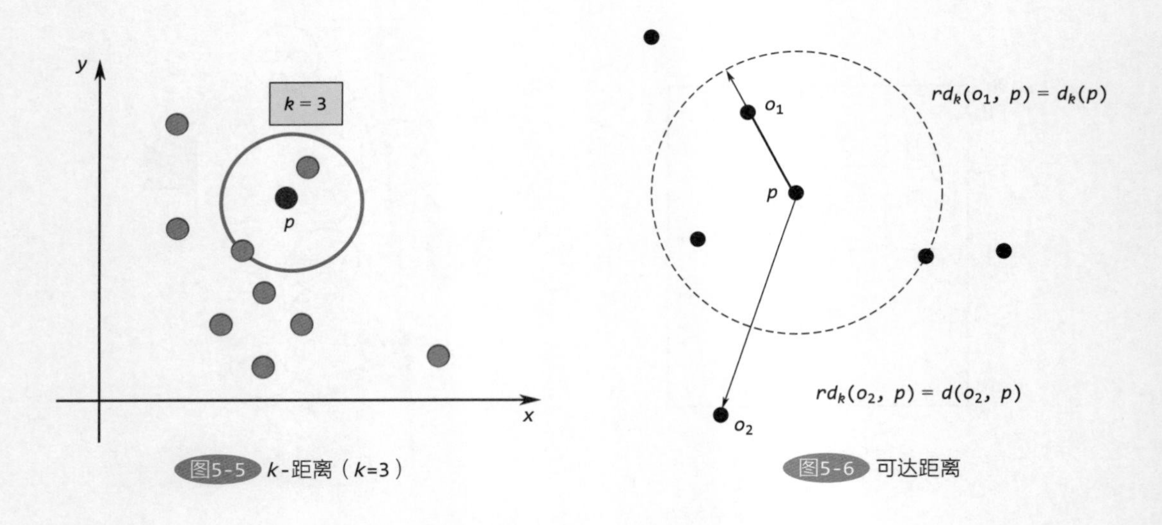

图5-5 k-距离（k=3）

图5-6 可达距离

在LOF算法中，k越小，算法对噪声数据越敏感；k越大，则有可能错过潜在的离群点。

（2）可达距离（reachability distance）表示两个点之间的最大距离，如图

5-6所示，以$rd_k(o, p)$表示，$rd_k(o, p) = \max(d_k(p), d(o, p))$，如果一个点$o$是另一个点$p$的$k$邻近点，则其可达距离取$d_k(p)$。

（3）局部可达密度（local reachability density）是点p到其所有邻近点距离均值的倒数，以$lrd_k(p)$表示，用以表征围绕点p局部区域的数据点密度：

$$lrd_k(p)=\frac{1}{\frac{\sum rd_k(o_i,p)}{|N_k(p)|}}$$

这里，o_1、o_2、…表示点p的k邻近域内的数据点。

（4）局部离群因子（Local Outlier Factor）点p的邻近域$N_k(p)$中的所有点的局部可达密度之和与点p的局部可达密度之比的均值，以$LOF_k(p)$表示：

$$LOF_k(p)=\frac{\sum \frac{lrd_k(o_i)}{lrd_k(p)}}{|N_k(p)|}$$

我们可以根据点p的局部离群因子$LOF_k(p)$值判断它是否为有一个离群点。

（1）如果$LOF_k(p)$小于1，说明点p的局部可达密度高于其邻近点的局部可达密度，则点p为一个密集点（正常点）的概率很大；

（2）如果$LOF_k(p)$接近于1，说明点p的局部可达密度与其邻近点的局部可达密度接近，则可以认为点p与其邻近点属于同一个簇是合适的；

（3）如果$LOF_k(p)$远大于1，说明点p的局部可达密度小于其邻近点的局部可达密度，则点p为一个离群点（异常点）的概率很大。

所以，局部离群点因子LOF是一个数据点异常程度的度量指标，它取决于一个数据点与周围（局部）邻近点的密度对比。LOF算法的优点在于它简单、直观，不需要事先知道数据集的分布，并能量化每个样本点的异常程度。

在Scikit-learn中，提供了一个实现LOF算法的局部离群点因子评估器sklearn.neighbors.LocalOutlierFactor。表5-3详细说明了这个评估器的构造函数及其属性和方法。

表5-3 局部离群点因子评估器LocalOutlierFactor

名称	sklearn.neighbors.LocalOutlierFactor	
声明	LocalOutlierFactor(n_neighbors=20, *, algorithm='auto', leaf_size=30, metric='minkowski', p=2, metric_params=None, contamination='auto', novelty=False, n_jobs=None)	
参数	n_neighbors	可选。一个正整数，指定最近邻数据点的个数。这个参数将传递给函数kneighbors()使用。 默认值为20。如果设置值大于样本数量的值，则n_neighbors等于样本数量

续表

参数	algorithm	可选。一个字符串，指定寻找最近邻数据点的算法。可取值“auto”“ball_tree” “kd_tree”“brute”。其中： ✧ “auto”：评估器基于函数fit()的输入自主决定寻找最近邻数据点的算法； ✧ “ball_tree”：使用函数sklearn.neighbors.BallTree()寻找最近邻数据点； ✧ “kd_tree”：使用函数sklearn.neighbors.KDTree()寻找最近邻数据点； ✧ “brute”：使用穷举方法寻找最近邻数据点(暴力攻击)。 默认值为“auto”。 注：如果输入为稀疏矩阵，则使用“brute”方式
	leaf_size	可选。传递给算法BallTree()或者KDTree()的参数，指定转向穷举方法时样本数据量的大小。默认值为30
	metric	可选。一个字符串，或一个可回调对象，指定算法执行过程中使用的距离指标类型。当为字符串时，其取值： (1)来源于scikit-learn的取值。 {"cityblock", "cosine", "euclidean", "l1", "l2", "manhattan"} (2)来源于scipy.spatial.distance的取值。 {"braycurtis", "canberra", "chebyshev", "correlation", "dice", "hamming", "jaccard", "kulsinski", "mahalanobis", "minkowski", "rogerstanimoto", "russellrao", "seuclidean", "sokalmichener", "sokalsneath", "sqeuclidean", "yule"} (3)可以取"precomputed"。此时输入训练集X必须是一个代表距离的方阵。 当为一个可回调对象时，将返回距离指标矩阵。 默认值为"minkowski"
	p	可选。一个实数，表示闵可夫斯基距离(minkowski)的幂参数值。默认值为2。 注：关于闵可夫斯基距离的计算公式，请查阅相关资料或笔者编著的《Scikit-learn机器学习详解(下)》图书第八章的内容
	metric_params	可选。一个字典对象，包含了计算距离指标时所需的额外参数。 默认值为None
	contamination	可选。一个浮点数或字符串"auto"，指定数据集的污染率，也就是数据集中离群点所占的比例。 (1)如果为一个浮点数，则取值范围为(0,0.5]； (2)如果为字符串"auto"，则默认设置为0.1。 默认值为"auto"

续表

<table>
<tr><td rowspan="2">参数</td><td>novelty</td><td colspan="2">可选。一个布尔变量值，标识评估器LocalOutlierFactor是否可以用于新颖点检测。如果设置为True，则LocalOutlierFactor不仅可以用于离群点检测，也可以用于新颖点检测。此时，方法predict()、decision_function()、score_samples()仅作用于新数据，进行新颖点检测。
默认值为False</td></tr>
<tr><td>n_jobs</td><td colspan="2">可选。一个整数值或None，表示计算过程中所使用的最大并行计算任务数(可以理解为线程数量)。
具体取值请参见表4-3 cross_validate()方法的参数(n_jobs)</td></tr>
<tr><td rowspan="8">LocalOutlierFactor的属性</td><td>negative_outlier_factor_</td><td colspan="2">一个形状shape为(n_samples,)的数组，表示训练数据集中每个数据点的LOF值的相反值。值越大，说明对应的数据点越有可能为正常点</td></tr>
<tr><td>n_neighbors_</td><td colspan="2">一个整数值，表示函数kneighbors()使用的实际邻近点数量</td></tr>
<tr><td>offset_</td><td colspan="2">一个浮点数，用于从原始得分中得到二分类结果的阈值(偏置值)。对于negative_outlier_factor小于offset值的数据点，被认为异常点。
注：如果参数contamination等于“auto”时，offset_设置为-1.5；否则，按照计算训练数据集中期望离群点个数的方式设置</td></tr>
<tr><td>effective_metric_</td><td colspan="2">表示学习过程中使用的(有效)距离指标类型，与参数metric类似</td></tr>
<tr><td>effective_metric_params_</td><td colspan="2">属性effective_metric_指定的距离指标计算公式的参数，与metric_params类似</td></tr>
<tr><td>n_features_in_</td><td colspan="2">一个正整数，表示拟合评估器时所使用的特征变量个数</td></tr>
<tr><td>feature_names_in_</td><td colspan="2">形状shape为(n_features_in_,)的数组，表示拟合评估器时所使用的特征变量名称。仅在训练数据集有名称时有效</td></tr>
<tr><td>n_samples_fit_</td><td colspan="2">拟合数据中的样本数量</td></tr>
<tr><td rowspan="2">LocalOutlierFactor的方法</td><td rowspan="2">decision_function(X)：返回移位后数据点的LOF的相反数。数值越大，越表明数据点为一个正常数据。
注：仅用于新颖点检测</td><td>X</td><td>必选。形状shape为(n_samples, n_features)的数组，表示数据集合</td></tr>
<tr><td>返回值</td><td>形状shape为(n_samples,)的数组，表示每个数据点的决策函数值。
注：值越小，越有可能成为异常点。一般来说，负数表示异常点，正值表示正常点</td></tr>
</table>

续表

<table>
<tr><td rowspan="15">LocalOutlierFactor的方法</td><td rowspan="3">fit(X, y=None)：根据给定的训练数据集，拟合局部离群点因子评估器LocalOutlierFactor</td><td>X</td><td>必选。类数组对象或稀疏矩阵类型对象，其形状shape为(n_samples,n_features)，表示训练数据集，其中n_samples为样本数量，n_features为特征变量数量</td></tr>
<tr><td>y</td><td>可选。本方法将忽略本参数</td></tr>
<tr><td>返回值</td><td>训练后的局部离群点因子评估器对象</td></tr>
<tr><td rowspan="3">fit_predict(X, y=None)：首先对模型进行拟合，然后返回X的标签。如果返回1表示正常点，-1表示离群点。
注：仅用于离群点检测</td><td>X</td><td>必选。类数组对象或稀疏矩阵类型对象，其形状shape为(n_samples,n_features)，表示训练数据集，其中n_samples为样本数量，n_features为特征变量数量</td></tr>
<tr><td>y</td><td>可选。本方法将忽略本参数</td></tr>
<tr><td>返回值</td><td>形状shape为(n_samples,)的数组，元素值为1表示对应的样本点为正常点，-1表示对应的样本点为离群点</td></tr>
<tr><td rowspan="2">get_params(deep=True)：获取评估器的各种参数</td><td>deep</td><td>可选。布尔型变量，默认值为True。如果为True，表示不仅包含此评估器自身的参数值，还将返回包含的子对象(也是评估器)的参数值</td></tr>
<tr><td>返回值</td><td>字典对象。包含(参数名称：值)的键值对</td></tr>
<tr><td rowspan="4">kneighbors(X=None, n_neighbors=None, return_distance=True)：搜索一个数据点的K个最邻近点，返回最近邻点的索引和距离值</td><td>X</td><td>可选。一个形状shape为(n_queries, n_features)，表示待搜索的数据点。如果构造函数的参数metric设置为“precomputed”，则形状shape为(n_queries, n_indexed)。
其中n_queries表示待搜索的数据点个数，n_indexed为搜索到的索引数据点个数。
默认值为None，表示数据集中每个索引的数据点的K个最近邻点都返回，此时待搜索的数据点本身不被认为是一个最近邻点</td></tr>
<tr><td>n_neighbors</td><td>可选。一个整数值，指定最近邻数据点的个数。
默认值为None，表示等于构造函数的参数n_neighbors的值</td></tr>
<tr><td>return_distance</td><td>可选。一个布尔值，表示是否返回最近邻点的距离</td></tr>
<tr><td>返回值</td><td>neigh_dist：形状shape为(n_queries, n_neighbors)的数组，表示最近邻点与指定数据点的距离。
注：只有参数return_distance设置为True时才返回。
neigh_ind：形状shape为(n_queries, n_neighbors)的数组，表示最近邻点的索引</td></tr>
</table>

续表

LocalOutlierFactor的方法	kneighbors_graph(X=None, n_neighbors=None, mode='conne-ctivity')计算一个数据点的最近邻K个最近邻点的(权重)图	X	可选。一个形状shape为(n_queries, n_features),表示待搜索的数据点。如果构造函数的参数metric设置为"precomputed"，则形状shape为(n_queries, n_indexed)。 默认值为None，表示每个训练集中每个索引的数据点的K个最近邻点都返回，此时待搜索的数据点本身不被认为是一个最近邻点
		n_neighbors	可选。一个整数值，指定最近邻数据点的个数。 默认值为None，表示等于构造函数的参数n_neighbors的值
		mode	可选。一个字符串值，指定返回结果矩阵的类型，可取值"connectivity"或者"distance"。其中： ● "connectivity"：表示返回结果为具有0、1元素的连接矩阵，其中1表示两个数据点是连接的；0表示不连接。 ● "distance"：表示返回结果为以两个数据点之间距离为元素的矩阵。 默认值为"connectivity"
		返回值	形状shape为(n_queries, n_samples_fit)的矩阵，其格式为行压缩稀疏矩阵CSR(Compressed Sparse Row)格式。其中n_samples_fit是拟合样板数据的个数
	predict(X=None)：根据计算的LOF值确定数据点的新颖性，返回类别标签。其中1为正常值，-1位异常值。 注：仅用于新颖点检测	X	可选。类数组对象或稀疏矩阵类型对象，其形状shape为(n_samples,n_features)，表示待预测数据集
		返回值	形状shape为(n_samples,)的数组，元素值为1表示对应的数据点为正常点，-1表示对应的样本点为新颖点
	score_samples(X)：返回数据点的LOF的相反数。数值越大，越表明数据点为一个正常数据。 注：仅用于新颖点检测	X	必选。类数组对象，其形状shape为(n_samples,n_features)，表示样本数据集
		返回值	形状shape为(n_samples,)的数组，表示每个数据点的LOF的相反数。 注：值越小，越有可能成为异常点
	set_params(**params)：设置评估器的各种参数	params	字典对象，包含了需要设置的各种参数
		返回值	评估器自身

读者需要注意一下：离群点检测属于无监督学习的问题，当使用局部离群点因子算法LOF进行离群点检测时，LocalOutlierFactor的predict()方法、decision_ function()方法和score_samples()方法将无效，只有fit_predict()有效；而当使用LOF进行新颖点检测（novelty设置为True）时，LocalOutlierFactor的predict()方法、decision_function()方法和score_samples()方法可以正常使用，作用于新的数据点。如表5-4所示。

表5-4 LocalOutlierFactor在离群点检测和新颖点检测中的行为

方法	离群点检测	新颖点检测
fit_predict	可用	不可用
predict	不可用	只能用于新数据
decision_function	不可用	只能用于新数据
score_samples	由属性negative_outlier_factor_确定训练数据集中数据点的异常程度（分数）	只能用于新数据

下面我们举例说明LocalOutlierFactor使用。这个例子中使用的数据集是代码自己提供的，判断一个点是否为离群点，可以通过fit_predict()的返回值，也可以通过属性negative_outlier_factor_。请看代码（LocalOutlierFactor.py）：

```
1.
2.  import numpy as np
3.  from sklearn.neighbors import LocalOutlierFactor
4.
5.
6.  # 构造数据集
7.  X0 = [ [1,1], [4,1], [2,2],[1,6], [4,3]]
8.  X = np.array(X0)  # 转变为Numpy数组
9.
10. # 本例中设置k=2 （n_neighbors）
11. clf = LocalOutlierFactor(n_neighbors=2, metric="manhattan")
12.
13. # fit_predict()返回为1表示为正常点，-1表示为离群点
14. is_inlier = clf.fit_predict(X)
15. numOfOutlier = np.sum(is_inlier==-1)
16. print("离群点个数：%d个" % numOfOutlier)
17. print("-"*21)
18.
19. for i, flag in enumerate(is_inlier):
20.   if flag==1 :
21.     print("第%d个数据点是正常点" % (i+1))
22.   else :
23.     print("第%d个数据点是离群点" % (i+1))
24.
25. print("-"*37)
26.
27. # 也可以是用属性 negative_outlier_factor_  判断异常点
28. # 值越大，说明对应的数据点越有可能为正常点。
```

```
29. # 也就是，值越小，越有可能是离群点
30. scores = clf.negative_outlier_factor_
31. for i, score in enumerate(scores):
32.     print("第%d个数据点的LOF相反数是%f" % (i+1, score))
33.
```

上述代码运行后，输出结果如下：

```
1.  离群点个数：1个
2.  ---------------------
3.  第1个数据点是正常点
4.  第2个数据点是正常点
5.  第3个数据点是正常点
6.  第4个数据点是离群点
7.  第5个数据点是正常点
8.  -------------------------------------
9.  第1个数据点的负LOF是-1.000000
10. 第2个数据点的负LOF是-1.000000
11. 第3个数据点的负LOF是-1.000000
12. 第4个数据点的负LOF是-1.666667
13. 第5个数据点的负LOF是-1.000000
```

从输出结果可以看出，相对于其他点来说，第四个点的负LOF值比较小。

6 管　道

解决一个机器学习问题是一件复杂的事情。完整的实现流程需要数据采集、数据预处理、模型选择、模型训练、模型验证、模型优化和部署应用（预测应用）7个步骤。如图6-1所示。

图6-1 机器学习实现流程

从机器学习（或数据挖掘）的发展历史看，为了使机器学习过程规范化，以便能够创建通用的机器学习平台，各个系统厂商先后提出了很多实施方法论，阐明解决机器学习问题的流程和步骤，为机器学习系统的迅速发展提供了保障。其中最流行的方法论有SEMMA、KDD、5A以及CRISP-DM四种。关于实施方法论的知识以及上述步骤的详细介绍，读者可参阅潘风文编著的《Scikit-learn机器学习详解（上）》中第一章中的有关内容。为了使读者能够顺利地掌握本章内容，我们先回顾一下在Scikit-learn中三个最重要的概念：评估器、转换器和管道，它们都继承自同一个基类：sklearn.base.BaseEstimator。

6.1 概念介绍

实际上，转换器和管道也是一种评估器，所以本节将从评估器的概念讲起。

6.1.1 评估器（estimator）

Scikit-learn实现的最重要的API（类）就是各种评估器。广义上来说，评估器（estimator）是指任何能够从数据中学习的对象，这里的“学习”是指评估器的输出能够使输入数据向着更能充分利用的方向递进，它可以是一个分类算法、回归算法或者聚类算法，也可以是一个实现了对原始数据进行数据变换、特征抽取或过滤的转换方式（通常称为转换器，后面介绍）；狭义上来说，评估器特指某一种算法，以区别于转换器。

评估器必须实现一个带有输入数据集参数的拟合方法fit()和一个能够使用评估器（模型）进行预测的方法predict()，并且提供函数set_params()和get_params()。其中函数set_params()用来设置评估器的拟合参数，函数get_params()用来获取评估器的拟合参数。

除此之外，评估器还具有评估前参数和评估后参数。其中评估前参数也可以直接称为评估参数，是在一个评估器初始化时修改或者调用set_params()修改的算法参数，这些参数是在评估器调用拟合函数fit()之前确定好的，所以称其为算法参数更为合适一些；评估后参数是评估器在调用拟合函数fit()之后，经过训练的参数，所以称其为模型参数更为合适一些。评估后参数的名称是在评估前参数名称后添加了一个下划线“_”。

请看以下示例代码：

```
1.
2.  # ......
3.
4.  # 创建一个评估器modelTree，它是一个分类回归树CART算法
5.  modelTree = DecisionTreeClassifier()
6.
7.  # 此时，评估器modelTree有一个参数max_features，表示训练模型时所使用的特征
    数量
8.  modelTree.max_features
9.
10. # 调用评估器modelTree的拟合函数fit()，进行模型训练
11. modelTree.fit(X,Y)  # X、Y为训练数据
12.
13. # 此时，评估器modelTree有一个参数max_features_，表示训练后模型的最大特征数
14. modelTree.max_features_
15.
16. # ......
17.
```

6.1.2 转换器（transformer）

转换器（transformer）是一种实现了方法transform()或fit_transform()的评估器。实际上，转换器也实现了函数fit()，但是没有预测方法predict()。

和上面讲解的评估器一样，转换器都是以类的形式给出。转换器的fit()方法通过从数据集中学习“模型参数”，例如数据集的均值、方差等，构建一个转换器模型；而transform()方法则是应用构建的转换器模型，把输入数据集进行特定转换，例如标准化、归一化、二值化等；方法fit_transform()则是结合了前面两个方法的功能，实现了数据的一体化处理。

我们知道，一个典型的机器学习流程通常包含前置数据处理工作，例如数据转换、标准化、缺失值处理等，这些工作都可以通过转换器来实现。由于转换器与评估器都继承自同一个基类BaseEstimator，所以它们遵循相同的API协议。

在Scikit-learn中，有各种各样的转换器，例如StandardScaler、MinMaxScaler、MaxAbsScaler、QuantileTransformer等。下面以标准缩放器StandardScaler为例说明，请看示例代码：

```
1.
2.  from sklearn.preprocessing import StandardScaler
3.
4.  # 数据标准化
5.  ## 创建一个转换器stdScaler，它是一个标准缩放器
6.  stdScaler = StandardScaler()
7.
8.  # 需要标准化的数据
9.  X0 = [[0,15],
10.     [1,-10]]
11.
12. # 训练并转换
13. X1 = stdScaler.fit(X0).transform(X0)
14. print(X1)
15.
```

6.1.3 管道（pipeline）

转换器通常与分类评估器、回归评估器等组合在一起，形成一个工作流，构建一个复合评估器（composite estimator），从而能够完成一项复杂的任务。例如，在机器学习任务中，首先从数据集中进行特征选择，然后对特征变量进行归一化，最后使用分类算法实现模型构建和应用。在Scikit-learn中，把这些固定步骤中的转换器和评估器组合在一起的工具称为管道（pipeline）。

与评估器和转换器类似，管道也是继承自基类BaseEstimator，所以管道拥有与评估器相同的API。它能够通过拟合函数fit()进行训练和预测函数predict()进行预测。

请看示例代码：

```
1.
2.  from sklearn.pipeline import Pipeline
3.  from sklearn.svm import SVC
```

```
4.  from sklearn.decomposition import PCA
5.
6.  # 创建一个列表list对象，包含了两个元组tuple对象格式为(Key, Value)
7.  # 其中，Key表示环节名称，Value实现环节任务的转换器或评估器
8.  # 两个元组元素分别代表针对数据的主成分分析(PCA)
9.  # 并把分析结果作为输入，传递给支持向量分类(SVC)
10. estimators = [('reduce_dim', PCA()), ('clf', SVC())]
11. pipe = Pipeline(estimators)
12.
```

6.2 管道机制概述

前面说过，在使用sklearn解决机器学习问题中，有一系列的数据清洗和转换等预处理任务需要解决，例如缺失值处理、主成分分析、异常值消除、对分类型变量进行编码、特征缩放和规范化等。在一个典型的机器学习任务中，我们至少要调用两次这些预处理方法：一次在模型构建（训练）过程中，另一次在模型应用于新数据进行预测过程中。那么，是否有一种机制能够简化这些工作（包括模型训练、部署应用等），使学习过程更加方便、易懂，实现自动化学习？

Scikit-learn专门提供了一套管道机制（Pipeline），它流式封装了多个可以重复调用的步骤，以便实现学习过程的标准化和自动化。正如图6-1 机器学习实现流程所示，管道机制将机器学习的实施看作是一个流水线式的作业流程，根据不同阶段的任务目标，切割成7个不同的环节，每一个环节都由独立的转换器（Transformer）或评估器（Estimator）负责实现，一个环节的输出将成为下一个环节的输入，由一个管道（Pipeline）对象把所有环节串成一个相互作用的动作序列，开发者通过管道对象的一个函数就可以完成从数据预处理到模型构建的各个阶段工作。

这种管道机制能使开发者对机器学习过程中相互联系和相互依赖的环节进行高效控制，更加快捷地实现其预期结果。可以说，在Scikit-learn中，Pipeline可以提供一套综合解决方案来实施流水线式的工作过程，从而实现了一条龙服务，所以有时也称Pipeline为链式评估器，或者综合评估器。

需要注意的是，在一个管道中，除了最后一个评估器外，所有其他评估器必须是实现了fit()方法和tranform()方法的转换器[没有预测方法predict()]，而最后一个评估器可以是一个转换器，也可以是一个分类评估器或回归评估器。

在Scikit-learn中，实现管道机制的类为sklearn.pipeline.Pipeline。表6-1详细说明了这个复合评估器的构造函数及其属性和方法。

表6-1 复合评估器管道Pipeline

名称	sklearn.pipeline.Pipeline		
声明	Pipeline（n_steps, *, memory=None, verbose=False）		
参数	n_steps	必选。一个列表对象，每个元素均为一个元组对象，其格式为(Key, Value)。其中，Key表示环节名称，Value实现环节任务的转换器或评估器。 注：元素的顺序就是数据处理的顺序	
	memory	可选。一个字符串或实现了joblib.Memory接口的对象，用于缓存管道执行过程中的产生的中间转换器。如果是一个字符串，则表示缓存中间结果的路径。 默认值为None，表示不缓存中间结果	
	verbose	可选。一个布尔类型对象，设置是否详细输出每个阶段拟合所使用的时间。 默认值为False，表示不输出	
Pipeline的属性	steps	一个列表，存储管道每个步骤的评估器。可以通过属性steps以索引的形式访问	
	named_steps	一个Bunch对象，以每个步骤的名称为键名称，步骤的评估器对象为值。Bunch是一种类似Python字典的数据类型	
	classes_	一个形状shape为(n_classes,)的列表，包含了类别标签值	
	n_features_in_	一个整型数，表示进入管道拟合方法fit()的特征变量个数	
	feature_names_in_	一个形状shape为(n_features_in_,)的列表，表示所有进入管道拟合方法fit()的特征变量的名称	
Pipeline的方法	decision_function（X）：应用于管道中最后一个评估器的决策函数	X	必选。可迭代对象，如数组等，表示待预测的数据样本，必须符合管道中第一个转换器的输入要求
		返回值	形状shape为(n_samples, n_classes)的数组对象，包含了每个样本的得分值
	fit（X, y=None, **fit_params）：根据给定的训练数据集，按照管道中转换器出现的顺序依次拟合，并对最后一个评估器进行训练（拟合）	X	必选。可迭代对象，如数组等，表示训练数据集中的特征变量集，必须符合管道中第一个转换器的输入要求
		y	可选。可迭代对象，如数组等，表示训练数据集中的目标变量集，必须符合管道中所有转换器和评估器的输出要求。 默认值为None
		fit_params	可选。一个字典对象，包含了传递给fit()函数的参数，其中参数名称由“环节名称__参数名称”组成
		返回值	返回评估器自身

续表

Pipeline的方法	fit_predict(X, y=None, **fit_params)：首先对管道中每个环节(除最后一个环节外)应用fit_transform()函数，然后调用管道最后一个步骤的fit_predict()函数。 注：仅对实现了fit_transform()函数的评估器有效	X	必选。可迭代对象，如数组等，表示训练数据集中特征变量集，必须符合管道中第一个转换器的输入要求
		y	可选。可迭代对象，如数组等，表示训练数据集中目标变量集，必须符合管道中所有转换器和评估器的输出要求。 默认值为None
		fit_params	可选。一个字典对象，包含了传递给fit()函数的参数，其中参数名称由“步骤名称__参数名称”组成
		返回值	返回样本的预测得分
	fit_transform(X, y=None, **fit_params)：拟合（训练）管道中所有的转换器，并实施数据转换，然后，使用调用一个评估器的fit_transform()函数	X	必选。可迭代对象，如数组等，表示训练数据集中特征变量集，必须符合管道中第一个转换器的输入要求
		y	可选。可迭代对象，如数组等，表示训练数据集中目标变量集，必须符合管道中所有转换器和评估器的输出要求。 默认值为None
		fit_params	可选。一个字典对象，包含了传递给fit()函数的参数，其中参数名称由“步骤名称__参数名称”组成
		返回值	形状shape为(n_samples, n_transformed_features)的数组对象，包含了转换后的样本数据
	get_feature_names_out(input_features=None)：获得转换器输出的特征名称	input_features	可选。包含输入特征名称的数组。 默认值为None
		返回值	转换后的特征名称数组
	get_params(deep=True)：获取评估器的各种参数，包括构建管道时的参数以及管道各步骤中的评估器的参数	deep	可选。布尔型变量，默认值为True。如果为True，表示不仅包含此评估器自身的参数值，还将返回包含的子对象（也是评估器）的参数值
		返回值	字典对象。包含（参数名称：值）的键值对
	inverse_transform(Xt)：对数据进行逆转换。 注：管道中每个评估器必须实现了inverse_transform()	Xt	必选。形状shape为(n_samples, n_transformed_features)的数组对象，包含了已经转换后的样本数据。它必须满足管道最后一个转换器或评估器的函数inverse_transform()的输入要求
		返回值	形状shape为(n_samples, n_features)的数组对象，包含了已经逆转换后的样本数据

续表

<table>
<tr><td rowspan="18">Pipeline的方法</td><td rowspan="3">predict(X, **predict_params)：对输入数据实施转换，并调用最后一个评估器对数据进行预测</td><td>X</td><td>必选。可迭代对象，如数组等，表示待预测的数据，必须符合管道中第一个转换器的输入要求</td></tr>
<tr><td>predict_params</td><td>必选。一个字典对象，包含了传递给最后一个评估器的参数</td></tr>
<tr><td>返回值</td><td>类数组对象，表示预测后的目标变量值</td></tr>
<tr><td rowspan="2">predict_log_proba(X)：对输入数据实施转换，并调用最后一个评估器的predict_log_proba()方法</td><td>X</td><td>必选。可迭代对象，如数组等，表示待预测的数据，必须符合管道中第一个转换器的输入要求</td></tr>
<tr><td>返回值</td><td>形状shape为(n_samples, n_classes)的数组，包含了输出的对数概率值</td></tr>
<tr><td rowspan="2">predict_proba(X)：对输入数据实施转换，并调用最后一个评估器的predict_proba()方法</td><td>X</td><td>必选。可迭代对象，如数组等，表示待预测的数据，必须符合管道中第一个转换器的输入要求</td></tr>
<tr><td>返回值</td><td>形状shape为(n_samples, n_classes)的数组，包含了输出的概率值</td></tr>
<tr><td rowspan="4">score(X, y=None, sample_weight=None)：对数据集实施转换操作，并调用最后评估器的score()方法。
注：仅在最后评估器支持score()方法的情况下有效</td><td>X</td><td>必选。可迭代对象，如数组等，表示待预测的数据，必须符合管道中第一个转换器的输入要求</td></tr>
<tr><td>y</td><td>可选。可迭代对象，如数组等，表示评分使用的目标变量数据，必须符合管道中所有转换器和评估器的输出要求。
默认值为None</td></tr>
<tr><td>sample_weight</td><td>可选。类数组对象，其形状shape为(n_samples,)，表示每个样本的权重。注意：这个参数是为管道中最后的评估器使用的。
默认值为None，即每个样本的权重一样（为1）</td></tr>
<tr><td>返回值</td><td>返回最后评估器的score()方法的值（浮点数）</td></tr>
<tr><td rowspan="2">score_samples(X)：对数据集实施转换操作，并调用最后评估器的score_samples()方法。
注：仅在最后评估器支持score_samples()方法的情况下有效</td><td>X</td><td>必选。可迭代对象，如数组等，表示待预测的数据，必须符合管道中第一个转换器的输入要求</td></tr>
<tr><td>返回值</td><td>形状shape为(n_samples,)，包含了预测输出值</td></tr>
<tr><td rowspan="2">set_params(**kwargs)：设置管道评估器的各种参数。
注：也可以直接设置管道中的评估器的参数</td><td>kwargs</td><td>字典对象，包含了需要设置的各种参数。有效的参数的键名称可以通过函数get_params()获得，允许使用各步骤的名称和由两个下划线“__”分隔的参数名称组成的标识符来设置对应步骤的参数</td></tr>
<tr><td>返回值</td><td>评估器自身</td></tr>
</table>

续表

Pipeline的方法	transform(X)：对管道中所有转换器或评估器实施转换操作	X	必选。形状shape为(n_samples, n_features)的数组对象，包含了原始样本数据，必须符合管道中第一个转换器的输入要求
		返回值	形状shape为(n_samples, n_transformed_features)的数组对象，包含了已经转换后的样本数据

需要注意的是，管道用于特征变量的转换（X），在需要对目标变量（y）进行转换的情况下，请使用TransformedTargetRegressor()。

下面给出一个使用管道评估器的例子。在这个例子中，首先通过make_classification()方法生成一个具有3个标签类别的分类数据集；然后实施特征选择、特征变量标准化，以及使用逻辑回归进行分类等，完成模型的构建，这几个步骤由一个管道对象串联起来。请看代码（Pipeline.py）：

```
1.
2.  from sklearn.datasets import make_classification
3.  from sklearn.model_selection import train_test_split
4.  from sklearn.feature_selection import SelectKBest
5.  from sklearn.preprocessing import StandardScaler
6.  from sklearn.linear_model import LogisticRegression
7.  from sklearn.feature_selection import f_classif
8.  from sklearn.pipeline import Pipeline
9.
10.
11. #0 随机生成一个具有两个标签的分类数据集。
12. # make_classification()默认特征数量n_features取默认值20个。
13. X, y = make_classification(n_samples = 50500, n_classes=3, n_
    informative=5, random_state=42)
14. X_train, X_test, y_train, y_test = train_test_split(X, y, test_
    size=0.33, random_state=42)
15.
16. #1 特征选择-->特征标准化-->逻辑回归（分类）
17. out_filter = SelectKBest(f_classif, k=5)  # 特征选择，初始选择得分最高的前
    5个特征
18. std_Scale    = StandardScaler()
19. clf_log      = LogisticRegression()  # 参数solver、penalty采用默认值
20.
21. #2  构造管道Pipeline对象，
22. #   构造函数接受形式为（评估器名称，评估器对象）元组tuple的列表
23. clfPipeline = Pipeline( [('anova', out_filter), ('scale', std_
    Scale), ('logReg', clf_log)] )
24.
25. # 可以使用管道对象的set_params()函数设置某个步骤的参数。
```

```
26. # 例如，设置out_filter的特征选择个数参数 k=10，logReg的正则化参数 penalty='l1'
27. # 然后调用fit()方法，对管道（评估器）进行拟合训练。注意：
28. # anova__k              设置了第一个转换器 out_filter 的参数，因为其名称为 "anova"
29. #       而k为转换器SelectKBest()的参数k，表示返回几个特征变量
30. # logReg__solver   设置了第三个评估器 clf_log 的参数，因为其名称为 "logReg" ，
31. #        而solver为逻辑回归评估器LogisticRegression()的求解优化器参数。
32. # logReg__penalty 设置了第三个评估器 clf_log 的参数，因为其名称为 "logReg",
33. #         而penalty为逻辑回归评估器LogisticRegression()的惩罚项参数，表示正则化项的类别。
34. clfPipeline.set_params(anova__k=10, logReg__solver='liblinear', logReg__penalty='l1')
35. # 拟合模型（训练模型）
36. clfPipeline.fit(X_train, y_train)
37.
38.
39. # 使用管道的predict()进行预测
40. prediction = clfPipeline.predict(X_test)
41. #print(prediction)
42.
43. # 使用管道的score()计算分数。
44. tmpScore = clfPipeline.score(X_test, y_test)
45. print(tmpScore)
46. print("-"*37)
47.
48.
49. # 获取out_filter选择的特征
50. aFeatures = clfPipeline['anova'].get_support()
51. print(aFeatures)
52.
53. # 另外一种办法是，获取out_filter选择的特征
54. #print(clfPipeline.named_steps.anova.get_support())
55.
```

上述代码运行后，输出结果如下：

```
1.  0.7267326732673267
2.  -------------------------------------
3.  [False  True  True False False False  True  True False False False  True
4.    True False  True  True  True False  True False]
```

在上面的代码中，管道对象clfPipeline由一个特征选取转换器out_filter、一个特征标准化转换器std_Scale和一个逻辑线性回归分类评估器clf_log组成。其流程如图6-2所示。

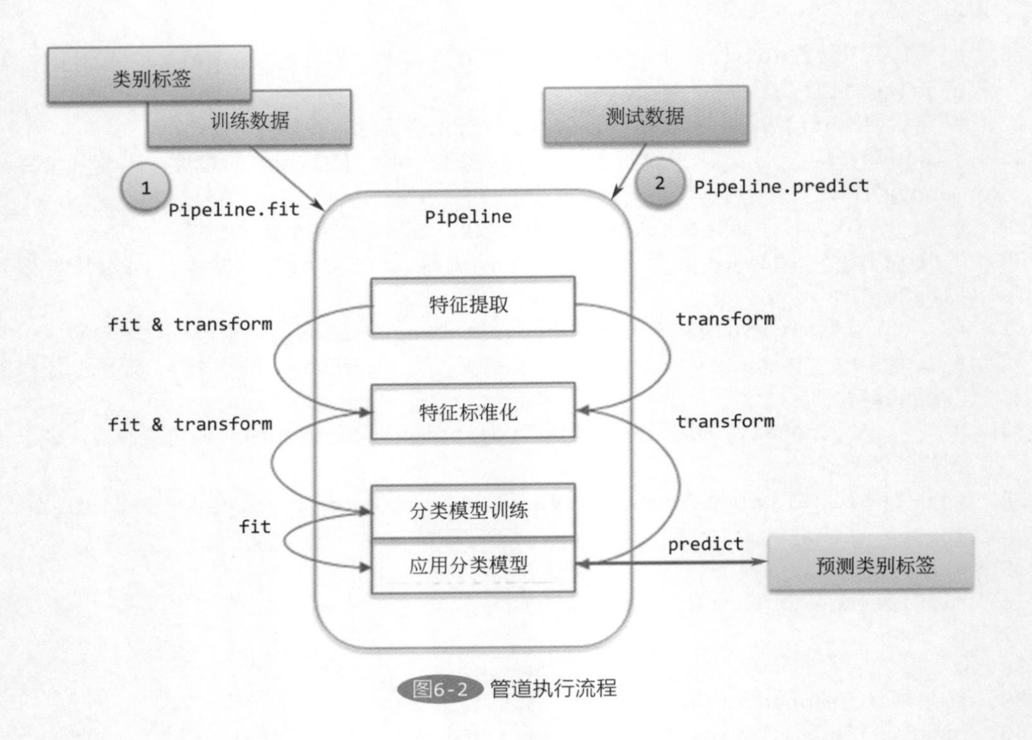

图6-2 管道执行流程

在Scikit-learn中，还提供了一个便利的构建管道对象的方法：sklearn.pipeline.make_pipeline()，是对类Pipeline()的简化。它无需对其中的评估器进行命名，它们的名称自动以评估器对象的小写命名。这里不再对make_pipeline()方法展开描述。

管道机制具有以下优点：

（1）封装集成，使用方便。管道对象构建简单，使用时只需调用一次Pipeline对象的fit()和predict()函数，便可以拟合整个流程中的所有评估器。

（2）参数选择一体化。通过网格搜索，如GridSearchCV等，可以一次性对Pipeline对象中所有评估器的参数进行调优。

（3）信息安全有保障。通过确保使用相同的样本来训练转换器和评估器，管道可避免在交叉验证中将测试数据中的统计信息应用到训练好的模型中。

6.3 中间评估器及子管道

6.3.1 获取中间评估器

假设现在有一个管道类Pipeline()对象pipe，可以有多种获取每个步骤（环节）

评估器及其属性信息的方法。

（1）通过管道对象直接访问。使用管道对象，通过步骤索引或者步骤名称访问评估器，进而获取评估器的信息。

➢ 通过步骤索引pipe[0]，则获取第一个步骤的评估器，其余类推；

➢ 通过步骤名称pipe["reduce_dim"]，则获取步骤名称为"reduce_dim"的评估器，其余类推。

（2）通过管道对象属性steps访问。管道对象属性steps是一个列表list对象，存储了所有步骤的评估器。所以，可以通过steps的索引获取每个评估器。形式如下：

➢ pipe.steps[0]，则获取第一个步骤的评估器，其余类推。

（3）通过管道对象属性named_steps访问。管道对象属性named_steps是一个sklearn.utils.Bunch对象，也存储了所有步骤的评估器。所以，可以通过named_steps获取每个评估器。形式如下：

➢ pipe.named_steps.reduce_dim，或者pipe.named_steps["reduce_dim"]，则获取步骤名称为"reduce_dim"的评估器，其余类推。

最后需要说明的是，中间评估器可以通过设置为"passthrough"或者"none"忽略掉，即不再参与管道流程的操作。

6.3.2 获取子管道对象

除了可以单独访问一个管道对象中的某个评估器外，还可以像列表对象使用切片技术获得一个子列表一样，获取一个子管道对象。如果仅需要在某些评估器上执行某些操作，获取子管道对象是一种十分便捷的途径。这里，仍然假设有一个管道类Pipeline()对象pipe。

此时把管道对象看作一个列表，则获取子管道对象的方法为：

列表[起始索引：结束索引]

注意不包括结束索引所指向的评估器。如：pipe[0：2]，表示获取一个由pipe[0]、pipe[1]两个评估器组成的子管道。

注：与列表不同的是，子管道对象的获取不支持“步长”参数，即只能获得连续评估器组成的子管道。

6.3.3 设置评估器参数

假设有一个管道类Pipeline()对象pipe。有两种方式设置管道中某个步骤对应评估器的参数。

（1）使用评估器自身的set_params()方法。首先获取对应步骤的评估器对象，然后调用评估器的set_params()方法。例如：

pipe.steps[0].set_params（p1=12）

这将会设置管道中第一个步骤对应评估器的参数p1值为12。

（2）直接使用管道对象的set_params()方法。在使用这种方法时，可以通过构建管道对象时所使用的评估器名称<estimator>来访问评估器的参数，形式如下：

<estimator>__parameter

即评估器名称<estimator>后添加两个下划线，随后是参数名称。例如：

pipe.set_params（clf__p1=12）

这将会设置名称为"clf"的评估器的参数"p1"的值为12。

这种方式对于利用穷尽网格搜索（GridSearchCV）对管道进行超参数优化的情况特别有优势。它可以一次性对所有管道中的评估器的超参数进行优化，例如下面的代码片段：

```
1.  from sklearn.model_selection import GridSearchCV
2.
3.  param_grid = dict（reduce_dim__n_components=[2, 5, 10],
4.                    clf__C=[0.1, 10, 100]）
5.  grid_search = GridSearchCV（pipe, param_grid=param_grid）
```

在这段代码中，字典对象param_grid中的"reduce_dim__n_components"中的"reduce_dim"、"clf__C"中的"clf"分别是构建管道对象pipe时的评估器对象的名称。

6.4 特征聚合转换器

在解决实际问题时，有许多从原始数据集中抽取特征（变量）的方法，例如主成分分析PCA、因子分析FA等。通常情况下，我们希望能够有机组合多种抽取方法的结果，以获得更好的效果。

Scikit-learn提供了特征聚合转换器FeatureUnion，能够把多个转换器的输出结果连接起来，形成一个新的特征空间，作为其他转换器或评估器的输入。一个FeatureUnion对象需要一个转换器对象的列表，在训练时，列表中的转换器可以并行应用于训练数据集上，最终结果按照转换器出现的顺序把它们的输出结果连接起来，形成一个大的数据矩阵。需要注意的是，特征聚合转换器FeatureUnion不对两个不同的转换器的输出结果是否相同进行辨别，它仅仅把输出结果连接在一起。也就是说，它没有去重功能（针对新的特征变量集合）。

表6-2详细说明了这个转换器的构造函数及其属性和方法。

表6-2　特征聚合转换器FeatureUnion

<table>
<tr><td>名称</td><td colspan="3">sklearn.pipeline.FeatureUnion</td></tr>
<tr><td>声明</td><td colspan="3">FeatureUnion（transformer_list, *, n_jobs=None, transformer_weights=None, verbose=False）</td></tr>
<tr><td rowspan="4">参数</td><td>transformer_list</td><td colspan="2">必选。一个元组tuple(str, transformer)的列表对象，其中transformer表示一个转换器对象，而str则是这个转换器的名称。注意：转换器对象可以设置为"drop"，表示不再参与转换过程</td></tr>
<tr><td>n_jobs</td><td colspan="2">可选。一个整数值或None，表示计算过程中所使用的最大并行计算任务数（可以理解为线程数量）。
具体取值请参见表4-3 cross_validate()方法的参数（n_jobs）</td></tr>
<tr><td>transformer_weights</td><td colspan="2">可选。一个字典对象，指定转换器输出结果的权重。其中字典的键名称表示参数transformer_list中的转换器名称，字典的值表示对应转换器的权重。
默认值为None，表示没有设置转换器的权重</td></tr>
<tr><td>verbose</td><td colspan="2">可选。一个布尔变量值，指定在每个转换器训练完时，是否打印所使用的时间。
默认值为False</td></tr>
<tr><td>FeatureUnion的属性</td><td>n_features_in_</td><td colspan="2">进入方法fit()的特征变量个数</td></tr>
<tr><td rowspan="4">FeatureUnion的方法</td><td rowspan="4">fit(X, y=None, **fit_params)：根据给定的训练数据集，训练（拟合）所有的转换器</td><td>X</td><td>必选。形状shape为(n_samples, n_features)的数组对象，表示训练数据集，其中n_samples表示样本数量，n_features表示数据集中特征变量的数量</td></tr>
<tr><td>y</td><td>可选。适用于有监督学习使用。默认值为None</td></tr>
<tr><td>fit_params</td><td>可选。一个字典对象，包含了传递给fit()函数的额外参数</td></tr>
<tr><td>返回值</td><td>返回特征聚合转换器对象</td></tr>
</table>

续表

FeatureUnion 的方法	fit_transform(X, y=None, **fit_params)：基于训练数据集，训练说有转换器，并对数据集进行转换，即连接所有转换器的输出成为一个新的特征空间	X	必选。形状shape为(n_samples, n_features)的数组对象，表示训练数据集
		y	可选。本参数没有意义，将被忽略。默认值为None
		fit_params	可选。一个字典对象，包含了传递给fit()函数的额外参数
		返回值	形状shape为(n_samples, sum_n_components)的数组对象，包含了所有转换器的输出结果。其中sum_n_components代表所有转换器输出结果的特征变量数
	get_feature_names_out(input_features=None)：获取所有提取出的特征变量名称	input_features	可选。一种字符串数组，表示输入变量的名称。 默认值为None，表示输出所有的变量名称
		返回值	一个Numpy数组，包含了所有转换器提取出的特征变量名称
	get_params(deep=True)：获取转换器的各种参数	deep	可选。布尔型变量，默认值为True。如果为True，表示不仅包含此转换器自身的参数值，还将返回包含的子对象（也是评估器）的参数值
		返回值	字典对象。包含（参数名称：值）的键值对
	set_params(**kwargs)：设置转换器的各种参数	kwargs	字典对象，包含了需要设置的各种参数
		返回值	转换器自身
	transform(X)：每个转换器对数据集X进行转换操作，并把输出结果连接在一起	X	必选。形状shape为(n_samples, n_features)的数组对象，表示数据集
		返回值	形状shape为(n_samples, sum_n_components)的数组对象，包含了所有转换器的输出结果

下面我们以示例的形式展示特征聚合转换器FeatureUnion的使用。在本例中使用的主成分分析PCA是一种降维算法，将在后面章节中说明。请看代码（FeatureUnion.py）：

```
1.
2.  import numpy as np
3.  from sklearn.pipeline import FeatureUnion
4.  from sklearn.datasets import load_iris
5.  from sklearn.model_selection import train_test_split
```

```
6.  from sklearn.decomposition import PCA
7.  from sklearn.feature_selection import SelectKBest
8.  from sklearn.svm import SVC
9.
10.
11. # 加载鸢尾花数据集
12. X, y = load_iris(return_X_y=True)
13.
14. # 对完整数据集进行划分：训练集和测试集
15. X_train, X_test, y_train, y_test = train_test_split(X, y, stratify=y,
    random_state=42)
16.
17. # 声明一个主成分分析PCA对象
18. pca = PCA(n_components=2)
19.
20. # 声明一个SelectKBest对象
21. # 这里k=1，选择最好的前k个特征变量
22. selection = SelectKBest(k=1)
23.
24. # 构建特征聚合转换器对象
25. combined_features = FeatureUnion([("pca", pca), ("selected", selection)])
26.
27. # 使用X_train, y_train训练特征聚合转换器对象
28. cmbnd = combined_features.fit(X_train, y_train)
29.
30. # 对X_train进行转换，以便用于其他模型，如支持向量分类机 SVC
31. # 基于X_train的新聚合后的训练数据集
32. X_train_fu = cmbnd.transform(X_train)
33. print("聚合后特征变量空间有", X_train_fu.shape[1], "个特征变量。\n")
34. print("-"*37)
35.
36. # 使用聚合后的新数据集，训练SVC对象
37. svm = SVC(kernel="linear")
38. svm.fit(X_train_fu, y_train)
39.
40. # 先对X_test进行聚合，然后预测结果
41. X_fu_test = cmbnd.transform(X_test)
42. result = svm.predict(X_fu_test)
43. print("预测类别值为:\n", result) # 输出结果，以便于真实的结果对比
44.
45. # 输出真实的结果，以便对照
46. print("真实类别值为:\n", y_test)
47.
```

上述代码运行后，输出结果如下：

```
1.  聚合后特征变量空间有 3 个特征变量
2.
3.  ------------------------------------
4.  预测类别值为：
5.   [0 1 1 1 0 1 2 2 2 2 1 2 1 1 0 0 0 1 0 1 2 1 1 1 2 1 0 1 0 2 2 2 0 0
    0 0 2
6.   1]
7.  真实类别值为：
8.   [0 1 1 1 0 1 2 2 2 2 2 2 1 1 0 0 0 1 0 1 2 1 2 1 2 1 0 2 0 1 2 2 0 0
    0 0 2
9.   1]
```

6.5 列转换机制

前面讲述的特征聚合转换器可以对数据集中的所有特征变量进行统一的转换。但是大部分数据集中包含了不同类型的特征变量，例如文本、浮点数、日期等类型。在使用这些数据集进行模型构建时，就需要不同的预处理方式，或者不同特征抽取技术。如果需要对数据集中的每个特征实施不同的转换，则需要用到列转换器。在使用列转换器的时候，会涉及机器学习中一个比较重要的概念：数据泄露（data leakage）。

6.5.1 数据泄露

如果训练数据集（由特征变量组成）中包含了与目标变量的信息，当使用这种训练数据集进行模型训练时，就会发生所谓的“数据泄露”，也称为“信息泄露”。数据泄露的主要原因在于特征变量集合中的某个或多个特征变量包含了目标变量的信息，相当于这些特征变量不再是解释目标变量的“因”，反而成了目标变量的“果”，即这些特征变量提前“泄露了天机”。这样，在使用这种训练数据集训练的模型对新数据进行预测时，由于新数据是不会携带目标信息的，所以预测效果非常差，导致模型失效。

有两种形式的数据泄露：目标（信息）泄露和训练-测试数据集污染。

（1）目标（信息）泄露。目标信息泄露时最普遍的一种数据泄露方式，是指特征变量中包含了目标变量的信息。例如表6-3中的数据（来自https://www.kaggle.com/）。

表6-3 目标泄露数据示例

年龄	体重	性别	是否服用抗生素	是否感染肺炎（目标变量）
60	100	男	False	False
72	98	女	False	False
57	120	女	True	True
49	130	男	True	True
…	…	…	…	…
…	…	…	…	…

通常情况下，一个人在感染肺炎后会服用抗生素来治疗（虽然不是100%）。表中第四列“是否服用抗生素”与目标变量“是否感染肺炎”之间有极强的相关关系。所以，两者在时间上是有先后顺序的。这种情况就是目标信息的数据泄露。

（2）训练-测试数据集污染。这种数据泄露发生在没有很好地区别训练集与验证集（测试集）的情况下。例如，在调用方法train_test_split()对初始数据集进行划分前，对初始数据集进行了缺失值处理（如使用了SimpleImputer对象），由于在对缺失值进行处理时，使用了均值、中位数、最频繁值等策略（需要全部数据集的样本），那么在调用方法train_test_split()后，训练数据集中就会包含了测试数据集的信息，这会导致模型过拟合的现象发生。

6.5.2 列转换器

一般情况下，我们可以在应用Scikit-learn方法前，使用Pandas等工具进行数据预处理。但是如果预处理程序使用了测试数据集中的信息（目标信息泄露），使得交叉验证变得不可靠，则事先进行预处理会出现问题。Scikit-learn提供了列转换器sklearn.compose.ColumnTransformer，能够对不同的特征数据实施不同的预处理变换。在一个管道对象内，恰当地使用ColumnTransformer对象可以保证不会出现数据泄露的现象，并且它能作用于Numpy数字、稀疏矩阵和Pandas数据框。

表6-4详细说明了这个转换器的构造函数及其属性和方法。

表6-4 列转换器ColumnTransformer

名称	sklearn.compose.ColumnTransformer
声明	ColumnTransformer（transformers, *, remainder='drop', sparse_threshold=0.3, n_jobs=None, transformer_weights=None, verbose=False, verbose_feature_names_out=True）

续表

参数	transformers	必选。一个包含三元组(name, transformer, columns)的列表对象，指定了应用于特征变量上的转换器。其中： （1）name：指定转换器transformer的名称，这样它的参数可以通过列转换器的方法set_params()进行设置，也可以用于网格搜索中； （2）transformer：一个实现了方法fit()和transform()的转换器，或者字符串"drop"、"passthrough"。这里"drop"表示排除columns指定的列，且不再出现在返回的结果中；"passthrough"表示不对columns指定的列进行转换，直接放行，会出现在返回的结果中； （3）columns：指定需要转换的列。它可以为一个字符串，一个字符串的数组，一个整数，一个整数的数组，一个布尔变量值的数组，一个切片对象函数slice()，或者一个可回调对象。其中： （a）整数：代表列的位置； （b）字符串：表示列的名称； （c）布尔变量值的数组：一组布尔值的掩码，True表示待转换的列； （d）切片对象函数slice()：以其返回的结果指定需要转换的列； （e）可回调对象：以输入数据集X为输入，返回上述任何对象的函数。 注：如果需要按照数据类型或名称选择多个列，可以考虑使用方法make_column_selector()
	remainder	可选。一个字符串或一个转换器，指定剩余特征变量，即除transformers中指定的列（特征变量）外的其他列的处理方式。 当为字符串时，可取值范围为{"drop", "passthrough"}，其中"drop"表示排除这些特征，不再出现在返回的结果中；"passthrough"表示不对这些特征进行转换，直接放行，会出现在返回的结果中。 当为转换器时，表示把剩余特征变量用于指定的转换器上。这个转换器必须实现了方法fit()和transform()。注意：输入fit()和transform()的特征变量顺序必须相同。 默认值为"drop"
	sparse_threshold	可选。一个浮点数，指定返回结果成为稀疏矩阵的阈值。 默认值为0.3。 注：如果设置为0，则返回结果总是稠密矩阵
	n_jobs	可选。一个整数值或None，表示计算过程中所使用的最大并行计算任务数（可以理解为线程数量）。默认值为None。 具体取值请参见表4-3 cross_validate()方法的参数(n_jobs)

续表

<table>
<tr><td rowspan="3">参数</td><td>transformer_weights</td><td colspan="2">可选。一个字典对象，指定转换器输出结果的权重。其中字典的键名称表示参数transformers中的转换器名称，字典的值表示对应转换器的权重。
默认值为None，表示没有设置转换器的权重</td></tr>
<tr><td>verbose</td><td colspan="2">可选。一个布尔变量值，指定在每个转换器训练完时，是否打印所使用的时间。
默认值为False</td></tr>
<tr><td>verbose_feature_names_out</td><td colspan="2">可选。一个布尔变量值，指示方法get_feature_names_out()返回的特征名称是否添加转换器名称作为前缀。
默认值为True</td></tr>
<tr><td rowspan="5">ColumnTransformer的属性</td><td>transformers_</td><td colspan="2">一个列表对象，经过训练后的转换器信息列表，每个转换器信息以一个三元组构成，形式为(name, fitted_transformer, column)，其中fitted_transformer可以为转换器对象、"drop"或"passthrough"。
（1）如果没有列被选中（无特征可用），则对应的转换器就是未被训练的；
（2）如果有剩余列，则此属性的最后一个元素为（"remainder", transformer, remaining_columns），对应着参数remainder；
（3）如果有剩余列，则transformers_ = len（transformers）+1；否则len(transformers_)==len(transformers)</td></tr>
<tr><td>named_transformers_</td><td colspan="2">一个sklearn.utils.Bunch对象，包含了训练后的转换器信息，可以通过名称来访问这些转换器</td></tr>
<tr><td>sparse_output_</td><td colspan="2">一个布尔变量值，指定最后方法transform()的输出结果是否为系数矩阵</td></tr>
<tr><td>output_indices_</td><td colspan="2">一个字典对象，其中转换器名称为键名称，值对应着一个切片函数slice()对象，对应值转换器输出的列索引。可以通过此属性查询特定转换器转换的列</td></tr>
<tr><td>n_features_in_</td><td colspan="2">一个整数，表示进入方法fit()的特征变量总个数。
注：只有转换器支持属性n_features_in_时才有效</td></tr>
<tr><td rowspan="3">ColumnTransformer的方法</td><td rowspan="3">fit(X, y=None)：根据给定的训练数据集，训练(拟合)所有的转换器</td><td>X</td><td>必选。形状shape为(n_samples, n_features)的数组对象或Pandas数据框，表示训练数据集，其中n_samples表示样本数量，n_ features表示数据集中特征变量的数量</td></tr>
<tr><td>y</td><td>可选。适用于有监督学习使用。默认值为None</td></tr>
<tr><td>返回值</td><td>返回列转换器对象</td></tr>
</table>

续表

ColumnTransformer的方法	fit_transform(X, y=None)：基于训练数据集，训练说有转换器，并对数据集进行转换	X	必选。形状shape为(n_samples, n_features)的数组对象或Pandas数据框，表示训练数据集
		y	可选。本参数没有意义，将被忽略。默认值为None
		返回值	形状shape为(n_samples, sum_n_components)的数组对象或Pandas数据框，包含了所有转换器的输出结果。其中sum_n_components代表所有转换器输出结果的特征变量数
	get_feature_names_out(input_features=None): 获取所有提取出的特征变量名称	input_features	可选。一种字符串数组或None，表示输入变量的名称。 默认值为None，表示输入特征变量名称形式为[x0, x1, ..., x(n_features_in_)]
		返回值	一个Numpy数组，包含了所有转换器输出的特征变量名称
	get_params(deep=True): 获取转换器的各种参数	deep	可选。布尔型变量，默认值为True。如果为True，表示不仅包含此转换器自身的参数值，还将返回包含的子对象(也是转换器)的参数值
		返回值	字典对象。包含（参数名称：值）的键值对
	set_params(**kwargs): 设置转换器的各种参数	kwargs	字典对象，包含了需要设置的各种参数
		返回值	转换器自身
	transform(X)：每个转换器对数据集X进行转换操作，并把输出结果连接在一起	X	必选。形状shape为(n_samples, n_features)的数组对象，表示数据集
		返回值	形状shape为(n_samples, sum_n_components)的数组对象，包含了所有转换器的输出结果

下面我们以示例的形式展示列转换器ColumnTransformer的使用。在本例中展示了四种列（特征变量）选择的方式，并实施了不同的转换。请看代码（ColumnTransformer.py）：

```
1.
2.     import numpy as np
3.     import pandas as pd
4.     from sklearn.compose import ColumnTransformer
5.     from sklearn.feature_extraction.text import CountVectorizer
6.     from sklearn.preprocessing import OneHotEncoder
```

```
7.
8.
9.     # 构建示例数据。包括了字符串特征变量、数值特征变量
10.    X = pd.DataFrame(
11.        {'city': ['London', 'London', 'Paris', 'Sallisaw'],
12.         'title': ["His Last Bow", "How Watson Learned the Trick",
13.                   "A Moveable Feast", "The Grapes of Wrath"],
14.         'expert_rating': [5, 3, 4, 5],
15.         'user_rating': [4, 5, 4, 3]})
16.
17.
18.    #1
19.    # 下面代码使用OneHotEncoder()把列"ciy"转换为分类变量
20.    # 使用CountVectorizer()把列"title"中的词语转换为词频矩阵
21.    # 声明ColumnTransformer对象
22.    column_trans1 = ColumnTransformer(
23.        [('categories', OneHotEncoder(dtype='int'), ['city']),
24.         ('title_bow', CountVectorizer(), 'title')],
25.        remainder='drop', verbose_feature_names_out=False)
26.
27.    # 训练ColumnTransformer对象
28.    column_trans1.fit(X)
29.
30.    # 输出转换后的特征变量
31.    out_col_names = column_trans1.get_feature_names_out()
32.    print("转换后特征变量的名称：\n", out_col_names , "\n")
33.
34.    # 便于观察，转为数组形式
35.    X_new = column_trans1.transform(X)
36.    print(X_new.toarray())
37.    print("-"*30, "\n")
38.
39.
40.    #2
41.    # 基于特征名称模式、数据类型等条件，使用方法make_column_selector()选择列
       （特征变量）
42.    from sklearn.preprocessing import StandardScaler
43.    from sklearn.compose import make_column_selector
44.
45.    # 默认remainder='drop'
46.    column_trans2 = ColumnTransformer([
47.          ('scale', StandardScaler(),
48.          make_column_selector(dtype_include=np.number)),
49.          ('onehot',
50.          OneHotEncoder(),
51.          make_column_selector(pattern='city', dtype_include=object))])
52.
53.    # 训练ColumnTransformer对象
54.    column_trans2.fit(X)
```

```
55.
56.    # 输出转换后的特征变量
57.    out_col_names = column_trans2.get_feature_names_out()
58.    print("转换后特征变量的名称：\n", out_col_names , "\n")
59.
60.    #
61.    X_new = column_trans2.fit_transform(X)
62.    print(X_new)
63.    print("-"*37, "\n")
64.
65.
66.    #3
67.    # 设置 remainder="passthrough"，则剩余其他列（特征变量）会添加到转换结
       果中
68.    column_trans3 = ColumnTransformer(
69.        [('city_category', OneHotEncoder(dtype='int'),['city']),
70.         ('title_bow', CountVectorizer(), 'title')],
71.        remainder='passthrough')
72.
73.    # 训练ColumnTransformer对象
74.    column_trans3.fit(X)
75.
76.    # 输出转换后的特征变量
77.    out_col_names = column_trans3.get_feature_names_out()
78.    print("转换后特征变量的名称：\n", out_col_names , "\n")
79.
80.    #
81.    X_new = column_trans3.fit_transform(X)
82.    print(X_new)
83.    print("-"*45, "\n")
84.
85.
86.    #4
87.    # 设置 remainder为一个转换器，则剩余其他列（特征变量）会用于这个转换器
88.    from sklearn.preprocessing import MinMaxScaler
89.
90.    column_trans4 = ColumnTransformer(
91.        [('city_category', OneHotEncoder(), ['city']),
92.         ('title_bow', CountVectorizer(), 'title')],
93.        remainder=MinMaxScaler())
94.
95.    # 训练ColumnTransformer对象
96.    column_trans4.fit(X)
97.
98.    # 输出转换后的特征变量
99.    out_col_names = column_trans4.get_feature_names_out()
100.   print("转换后特征变量的名称：\n", out_col_names , "\n")
101.
102.   #
```

```
103.    X_new = column_trans4.fit_transform(X)[:, -2:]
104.    print(X_new)
105.    print("-"*51)
106.
```

上述代码运行后，输出结果如下：

```
1.  转换后特征变量的名称：
2.   ['city_London' 'city_Paris' 'city_Sallisaw' 'bow' 'feast' 'grapes' 'his'
3.   'how' 'last' 'learned' 'moveable' 'of' 'the' 'trick' 'watson' 'wrath']
4.
5.  [[1 0 0 1 0 0 1 0 1 0 0 0 0 0 0 0]
6.   [1 0 0 0 0 0 0 1 0 1 0 0 1 1 1 0]
7.   [0 1 0 0 1 0 0 0 0 0 1 0 0 0 0 0]
8.   [0 0 1 0 0 1 0 0 0 0 0 1 1 0 0 1]]
9.  ------------------------------
10.
11. 转换后特征变量的名称：
12.  ['scale__expert_rating' 'scale__user_rating' 'onehot__city_London'
13.  'onehot__city_Paris' 'onehot__city_Sallisaw']
14.
15. [[ 0.90453403  0.          1.          0.          0.        ]
16.  [-1.50755672  1.41421356  1.          0.          0.        ]
17.  [-0.30151134  0.          0.          1.          0.        ]
18.  [ 0.90453403 -1.41421356  0.          0.          1.        ]]
19. -------------------------------------
20.
21. 转换后特征变量的名称：
22.  ['city_category__city_London' 'city_category__city_Paris'
23.  'city_category__city_Sallisaw' 'title_bow__bow' 'title_bow__feast'
24.   'title_bow__grapes' 'title_bow__his' 'title_bow__how' 'title_bow__
    last'
25.  'title_bow__learned' 'title_bow__moveable' 'title_bow__of'
26.  'title_bow__the' 'title_bow__trick' 'title_bow__watson'
27.   'title_bow__wrath' 'remainder__expert_rating' 'remainder__user_
    rating']
28.
29. [[1 0 0 1 0 0 1 0 1 0 0 0 0 0 0 0 5 4]
30.  [1 0 0 0 0 0 0 1 0 1 0 0 1 1 1 0 3 5]
31.  [0 1 0 0 1 0 0 0 0 0 1 0 0 0 0 0 4 4]
32.  [0 0 1 0 0 1 0 0 0 0 0 1 1 0 0 1 5 3]]
33. ---------------------------------------------
34.
35. 转换后特征变量的名称：
36.  ['city_category__city_London' 'city_category__city_Paris'
37.  'city_category__city_Sallisaw' 'title_bow__bow' 'title_bow__feast'
```

```
38.  'title_bow__grapes' 'title_bow__his' 'title_bow__how' 'title_bow__last'
39.  'title_bow__learned' 'title_bow__moveable' 'title_bow__of'
40.  'title_bow__the' 'title_bow__trick' 'title_bow__watson'
41.  'title_bow__wrath' 'remainder__expert_rating' 'remainder__user_rating']
42.
43. [[1.  0.5]
44.  [0.  1. ]
45.  [0.5 0.5]
46.  [1.  0. ]]
47. ---------------------------------------------------------
```

6.6 模型选择

实际上，模型选择是一个需要精心准备的工作过程，这个过程涉及特征选择、特征衍生（如主成分分析、特征转换等）、算法确定和训练等工作。一般来说，模型选择涉及以下三个要素：

（1）选择或通过特征工程导出最有效的最小预测特征集合；

（2）从一个算法族中确定一个算法；

（3）通过对相关超参数调优，确定最优模型。

在模型选择过程中，管道可以起到很重要的作用。在下面的例子中，我们把管道看作一个具有拟合方法fit()和预测方法predict()的评估器。在这个管道对象中组合了归一化转换器、主成分分析和岭回归3个对象，它们按照先后顺序，组成一个较为完整的数据预处理、入模特征选择以及模型训练的过程。本例中对超参数的选择使用了穷尽网格搜索GridSearchCV，利用它来获得最佳超参数。请看代码（modelSelection.py）：

```
1.
2.  import numpy as np
3.  from sklearn.datasets import load_boston
4.  from sklearn.model_selection import train_test_split
5.  from sklearn.pipeline import Pipeline
6.
7.
8.  #1 导入波士顿房价数据集，并划分训练集和测试集
9.  X, y = load_boston(return_X_y=True)  # 据说由于种族歧视原因，不再建议使用此数据
```

```
10. X_train, X_test, y_train, y_test = train_test_split(X, y)
11.
12. from sklearn.preprocessing import StandardScaler
13. from sklearn.decomposition import PCA
14. from sklearn.linear_model import Ridge
15.
16. # 声明标准化处理、主成分分析、岭回归对象
17. scaler = StandardScaler()  # step 1
18. pca    = PCA()    # step 2
19. ridge= Ridge()    # step 3
20.
21. # 声明一个管道对象
22. # X_train = scaler.fit_transform(X_train)
23. # X_train = pca.fit_transform(X_train)
24. # ridge.fit(X_train, y_train)
25. pipe = Pipeline([
26.         ('scaler', scaler),
27.         ('reduce_dim', pca),
28.         ('regressor', ridge)
29.         ])
30.
31. # 定义GridSearchCV的参数
32. n_features_to_test = np.arange(1, 7)
33. alpha_to_test = np.arange(-12, +12)
34. params = {'reduce_dim__n_components': n_features_to_test,
35.           'regressor__alpha': alpha_to_test}
36.
37. # 网格搜索，参数寻优
38. from sklearn.model_selection import GridSearchCV
39. gridsearch = GridSearchCV(pipe, params, verbose=1)
40. gridsearch.fit(X_train, y_train)
41.
42. print("\n基于训练数据集，搜索到的最佳超参数组合是：")
43. print(gridsearch.best_params_)
44.
45. #
46. print("\n基于测试数据集的评分是：", gridsearch.score(X_test, y_test))
47.
```

上述代码运行后，输出结果如下：

```
1.  Fitting 5 folds for each of 144 candidates, totalling 720 fits
2.
3.  基于训练数据集，搜索到的最佳超参数组合是:
4.  {'reduce_dim__n_components': 6, 'regressor__alpha': 11}
5.
6.  基于测试数据集的评分是:  0.6016518418931922
```

7 信号分解

7.1 主成分分析PCA

主成分分析PCA（principal component analysis）的目标是通过一组正交分量分解一个高维数据集，这组正交分量能够最大限度地解释数据集的方差（变化），以最小的信息损失降低数据集的维度，即一个d维的数据集投影到一个新的k维子空间上（$k<d$），是一种多元统计分析方法。这种投影可以大大降低数据运算的成本，以及消除高维数据集计算中存在的“维度灾难”，所以，它是一种应用广泛的线性降维技术，也是一种特征学习（feature learning）或表达学习（representation learning）的技术。

主成分分析PCA假设一个随机信号（变量）最有用的信息体包含在方差里。为此，首先找到一个方向λ_1，使得该随机信号在该方向上投影的方差最大化；然后在与方向λ_1正交的空间中，找到方向λ_2，使得该随机信号在该方向上投影的方差最大化；依次类推，直到找到所有n个方向，就可以找到一系列不相关的随机变量，即主成分。如图7-1所示。

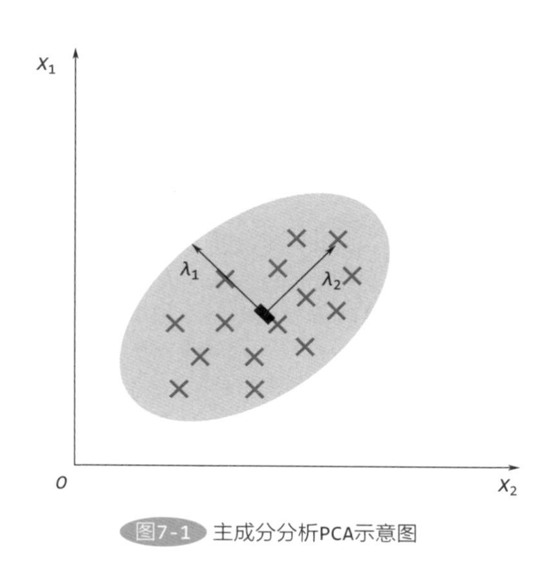

图7-1 主成分分析PCA示意图

标准的主成分分析PCA流程可以概况为六个步骤：

（1）计算原始d维数据集X的协方差矩阵；

（2）基于协方差矩阵，计算数据集X的特征值和特征向量；

（3）降序排列特征值；

（4）选择前k个特征向量，作为新的子空间维度；

（5）根据选定的k个特征向量，构建投影矩阵W；

（6）基于投影矩阵W，原始数据集X可转换为k维子空间中的新数据集 X'：$X'=W^{T}X$。

使用主成分分析PCA降维，需要找到数据样本协方差矩阵的最大的N个特征向量，然后用这最大的N个特征向量组成的矩阵来做低维投影降维。但是当数据样本量很大时，通过协方差矩阵求解特征向量的计算量是相当大的。在Scikit-learn中，使用了奇异值分解SVD（Singular Value Decomposition）方法，通过迭代来实现特征值和特征向量（主成分）求解，获得主成分。

在使用SVD进行特征分解时，PCA会对每一个特征数据进行居中处理，但是并不对它们进行缩放操作。

在Scikit-learn中，主成分分析PCA被实现为一个转换器（transformer），在其拟合方法fit()中通过n个正交分量学习，可以把新数据集投影到这些正交分量上。这是一种快速有效的无监督学习技术。在Scikit-learn中，实现主成分分析的类为sklearn.decomposition.PCA。表7-1详细说明了这个转换器的构造函数及其属性和方法。

表7-1 主成分分析PCA转换器

名称	sklearn.decomposition.PCA	
声明	PCA(n_components=None, *, copy=True, whiten=False, svd_solver='auto', tol=0.0, iterated_power='auto', random_state=None)	
参数	n_components	可选。一个正整数，或者浮点数，或者"mle"(最大似然估计)，或者None，指定主成分分析过程中保留的主成分数量。 （1）如果n_components设置为"mle"，且参数svd_solver设置为"full"，则使用Minka式最大似然估计确定主成分数量； （2）如果n_components设置为浮点数(必须0<n_components<1)，且参数svd_solver设置为"full"，则主成分数量的确定必须满足累加的方差解释大于n_components指定的百分数； （3）如果参数svd_solver设置为"arpack"，则主成分数量必须小于min(n_features, n_samples)。其中n_features表示原始数据集中的特征变量的数量，n_samples为数据集中样本数量； （4）如果n_components设置为None，则主成分数量n_components=min(n_samples, n_features) - 1。 默认值为None
	copy	可选。一个布尔变量值，指定传递给方法fit()的数据是否被覆盖。如果为 False，则传递给方法fit()的数据将被覆盖，并且运行fit(X).transform(X)不会产生预期的结果。此时应使用fit_transform(X)。 默认值为True

续表

参数	whiten	可选。一个布尔变量值，指定是否对数据进行白化处理。如果设置为True，则属性components_的向量将乘以n_samples的平方根，并除以奇异值。 默认值为False。 注：白化(whiten)，又称漂白或者球化，是对原始数据集实行的一种变换，使得变换后的数据集的协方差矩阵为单位矩阵。白化处理可去除特征变量之间的相关性，从而简化了后续独立分量的提取过程
	svd_solver	可选。一个字符串，指定奇异值计算的求解器，可取值范围为{"auto", "full", "arpack", "randomized"}。 (1)如果设置为"full"，则执行全SVD分解，这将调用scipy.linalg.svd的LAPACK求解器，并且通过后处理过程选择主成分； (2)如果设置为"arpack"，则执行截断SVD分解，并截断至n_components个主成分，这将调用scipy.sparse.linalg.svds的ARPACK求解器。必须满足条件：0<n_components<min(X.shape)； (3)如果设置为"randomized"，则按照Halko等人设置的方法执行随机SVD分解； (4)如果设置为"auto"，则按照数据集X.shape和n_components的下面的规则选择SVD求解器：如果输入数据集X的形状shape大于500x500，且主成分数量小于数据集X的最小维度的80%，则按照"randomized"方式确定SVD求解器；否则按照"full"确定SVD求解器。 默认值为"auto"。 注：当参数n_components设置为"mle"是，svd_solver自动设置为"full"(相当于此时的"auto")
	tol	可选。一个浮点数，表示当在svd_solver设置为"arpack"时计算奇异值的使用误差。取值范围为[0.0, infinity)。 默认值为0.0
	iterated_power	可选。一个正整数，或者"auto"，指定当svd_solver设置为"randomized"时的迭代次数。取值范围为[0, infinity)。 默认值为"auto"，表示自动设置
	random_state	可选。可以是一个整型数(随机数种子)，一个numpy.random.RandomState对象，或者为None，用于设置了一个随机数种子。在svd_solver设置为"randomized"，或者"arpack"时有效。默认值为None。 具体取值请参见表4-6 哑分类评估器DummyClassifier的参数(random_state)
PCA的属性	components_	形状shape为(n_components, n_features)的数组，表示特征空间中的主要坐标轴，代表了能够解释输入数据集X的最大方差的方向。等同于中心化输入数据集协方差矩阵的特征向量(eigenvectors)。主成分按照explained_variance_值排列
	n_components_	获得的PCA主成分数量
	explained_variance_	形状shape为(n_components,)的数组，包含了每个主成分所能解释的方差量，按照降序排列

续表

PCA的属性	explained_variance_ratio_	形状shape为(n_components,)的数组，包含了每个主成分所能解释的方差的百分比，按照降序排列	
	singular_values_	形状shape为(n_components,)的数组，对应每个主成分的奇异值	
	mean_	形状shape为(n_features,)的数组，包含每个特征变量的(经验)平均值	
	n_samples_	输入数据集中的样本个数	
	n_features_	输入数据集中的特征变量个数	
	n_features_in_	进入方法fit()的特征变量个数	
	feature_names_in_	进入方法fit()的每个特征变量的名称。只有在输入数据集X所有特征变量的名称为字符串类型时有效	
	noise_variance_	一个浮点数，包含了按照概率PCA估计的噪声协方差	
PCA的方法	fit(X, y=None)：根据给定的训练数据集，训练(拟合)PCA转换器	X	必选。形状shape为(n_samples, n_features)的数组对象，表示训练数据集，其中n_samples表示样本数量，n_features表示数据集中特征变量的数量
		y	可选。本参数没有意义，将被忽略。默认值为None
		返回值	返回转换器自身
	fit_transform(X, y=None): 训练PCA转换器，并对数据集X进行降维	X	必选。形状shape为(n_samples, n_features)的数组对象，表示训练数据集
		y	可选。本参数没有意义，将被忽略。 默认值为None
		返回值	形状shape为(n_samples, n_components)的数组对象，包含了投影后的数据集
	get_covariance()：计算原始数据集的协方差矩阵	返回值	形状shape为(n_features, n_features)的数组，表示原始数据集的协方差矩阵
	get_params(deep=True)：获取转换器的各种参数	deep	可选。布尔型变量，默认值为True。如果为True，表示不仅包含此转换器自身的参数值，还将返回包含的子对象(也是评估器)的参数值
		返回值	字典对象。包含(参数名称：值)的键值对
	get_precision()：计算原始数据集的精度矩阵，即协方差矩阵的逆矩阵	返回值	形状shape为(n_features, n_features)的数组，表示原始数据集的精度矩阵
	inverse_transform(X)：对数据集X进行逆转换，转回到原来的空间中	X	必选。形状shape为(n_samples, n_components)的数组，包含了转换后的数据集，其中n_samples表示样本数量，n_components表示主成分的数量
		返回值	形状shape为(n_samples, n_features)的数组，包含了逆转换后的样本数据

续表

PCA的方法	score(X, y=None)：计算所有样本对数似然值的平均值	X	必选。形状shape为(n_samples, n_features)的数组对象，表示数据集
		y	可选。此参数无意义，将被忽略。默认值为None
		返回值	返回所有样本数对数似然值的平均值
	score_samples(X)：计算每个样本数据的对数似然值	X	必选。形状shape为(n_samples, n_features)的数组对象，表示数据集
		返回值	形状shape为(n_samples,)，包含了每个样本的对数似然值
	set_params(**kwargs)：设置转换器的各种参数	kwargs	字典对象，包含了需要设置的各种参数
		返回值	转换器自身
	transform(X)：对数据集X进行降维操作	X	必选。形状shape为(n_samples, n_features)的数组对象，表示新数据集
		返回值	形状shape为(n_samples, n_components)的数组对象，包含了投影后的数据集

下面我们以示例的形式展示主成分分析PCA的使用方法。本例中使用了Python系统自带的鸢尾花数据集（通过datasets.load_iris()导入）。由于主成分分析能够降维，所以有时也经常作为数据可视化使用（在主成分为2个或3个的时候）。所以，本例中在对原始鸢尾花数据集进行主成分分析后，对新数据集进行了可视化，其中X为第一个主成分，Y为第二个主成分。请看代码（PCA.py）：

```
1.
2.  import numpy as np
3.  from sklearn import datasets
4.
5.  iris = datasets.load_iris()
6.  iris_X = iris.data
7.  #print(iris_X.shape)  # (150, 4)
8.
9.  iris_y = iris.target
10. #print(iris_y.shape)  # (150,)  这是一维数据！
11.
12. feature_names = iris.feature_names
13. iris_names    = np.append(feature_names, "target")
14. #print(iris_names)  #
15.
16.
17. # 特征变量的量级对PCA有很大影响，所以首先需要标准化
18. # 这里使用StandardScaler()标准化
19. from sklearn.preprocessing import StandardScaler
20.
21. # 对数据集中的特征变量进行标准化（均值为0，方差为1）
```

```
22. X = StandardScaler().fit_transform(iris_X)
23.
24. from sklearn.decomposition import PCA
25.
26. # 选择两个主成分
27. pca = PCA(n_components=2)
28.
29. principalComponents = pca.fit_transform(X)
30. print("方差解释的情况：")
31. print(pca.explained_variance_ratio_)
32. varianceExplained = np.sum(pca.explained_variance_ratio_)
33. print("方差解释比率：%.2f%%" % (varianceExplained*100))
34.
35. # 一维变成二维数据，以便在维度上与X保持一致
36. y = np.reshape(iris_y,(X.shape[0],1))
37. #print(y.shape)  #(150,1)  二维数据
38.
39. # 构建新的数据集（包含了目标变量）
40. iris_new = np.concatenate([principalComponents, y],axis=1)
41. #print(iris_new.shape)
42.
43. #可以把新的数据集应用到其他地方
44. #例如构建一个分类模型
45. #这里，我们把新数据集可视化展示
46.
47.
48. from matplotlib.font_manager import FontProperties
49. import matplotlib.pyplot as plt
50.
51.
52. #初始化画布
53. fig = plt.figure(figsize=(6, 6))
54. fig.canvas.manager.set_window_title("PCA示例")  # Matplotlib >= 3.4
55. #fig.canvas.set_window_title("PCA示例")        # Matplotlib < 3.4
56.
57. #声明一个字体对象，后面绘图使用
58. font  =  FontProperties(fname="C:\\Windows\\Fonts\\SimHei.ttf")   #  ,
    size=16
59.
60.
61. #可视化异常点，并把异常点使用红色显示
62. plt.subplot(1, 1, 1)  # 1行，1列，当前为第 1 个Axes
63. plt.title("PCA可视化", fontproperties=font)
64.
65. '''''
66. # 获取类别0,1,2的样本索引
67. index0 = (iris_new[:,2]==0)
```

```
68. index1 = (iris_new[:,2]==1)
69. index2 = (iris_new[:,2]==2)
70.
71. # 第一个类别（0）以红色圆点展示
72. plt.scatter(iris_new[index0,0], iris_new[index0,1], c = 'r', s = 50,
    label='类别0')
73. # 第二个类别（1）以绿色圆点展示
74. plt.scatter(iris_new[index1,0], iris_new[index1,1], c = 'g', s = 50,
    label='类别1')
75. # 第三个类别（2）以蓝色圆点展示
76. plt.scatter(iris_new[index2,0], iris_new[index2,1], c = 'b', s = 50,
    label='类别2')
77. '''
78. # 下面这种方式更通用一些
79. targets = [0, 1, 2]
80. colors = ['r', 'g', 'b']
81. for target, color in zip(targets,colors):
82.     indicesToKeep = (iris_new[:,2] == target)  # True/False
83.     labelTxt = "类别" + str(target)
84.     plt.scatter( iris_new[indicesToKeep,0]
85.                , iris_new[indicesToKeep,1]
86.                , c = color, s = 50, label = labelTxt)
87.
88.
89. # 设置X、Y轴标签文字
90. plt.xlabel('第一个主成分', fontproperties=font)
91. plt.ylabel('第二个主成分', fontproperties=font)
92.
93. # 设置图例文字
94. plt.legend(loc='lower right', prop=font)
95.
96.
97. # 显示
98. plt.show()
99.
```

上述代码运行后，输出结果如下：

```
1. 方差解释的情况:
2. [0.72962445 0.22850762]
3. 方差解释比率：95.81%
```

同时输出图7-2所示的图形。

在Scikit-learn中，除了上面介绍的主成分分析类PCA外，对线性降维的主成分分析，还提供了另外三种算法：增量主成分分析IncrementalPCA、稀疏主成分分析SparsePCA和小批量稀疏主成分分析MiniBatchSparsePCA。

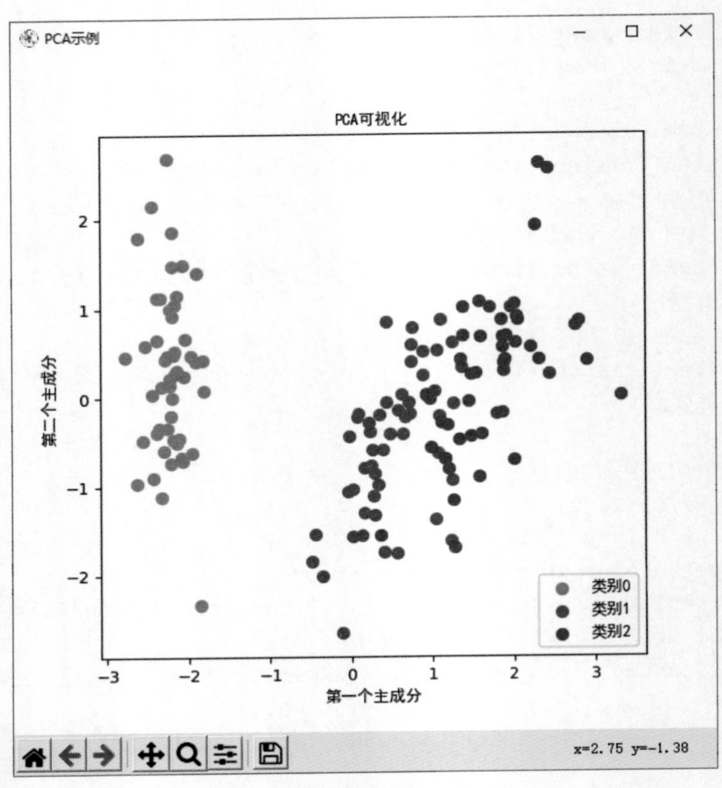

图7-2 主成分分析PCA示例运行结果

（1）增量主成分分析IncrementalPCA。尽管主成分分析PCA算法应用非常广泛，但是对于大数据量却表现出了局限性。因为PCA只支持对数据的批处理，也就是说，待处理的所有数据必须一次性加载到内存中才能处理，这显然对大数据量的处理是不利的。为了解决这个问题，Scikit-learn专门提供了增量主成分分析类IncrementalPCA，它允许分步处理部分数据，得到的结果与PCA几乎一致。这使得主成分分析能够实现核外计算（out-of-core computation，是解决计算机内存不足的有效方法）。类IncrementalPCA的构造函数如下：

sklearn.decomposition.IncrementalPCA（n_components=None, *, whiten=False, copy=True, batch_size=None）

其中，参数batch_size指定在调用拟合方法fit()时，每批次处理的样本数量。

（2）稀疏主成分分析SparsePCA。稀疏主成分分析类SparsePCA是类PCA的一种变体，目标是提取最能重建数据的稀疏主成分。

主成分分析PCA的缺点是提取的主成分是所有特征变量的全连接表达式（dense expressions），也就是说，主成分是原始特征变量的线性组合，特征向量的系数都是非零的，这将导致主成分的解释性不强。在许多情况下，真正起作用的底层主成分往往是稀疏向量（与PCA的结果相比）。例如，在人脸识别中，主成分可能是自然地映射到的部分人脸。

稀疏主成分分析类SparsePCA的结果往往是一种更简洁的、解释性更强的表达形式，更清晰地突出了哪些原始特征导致了样本之间的差异。类SparsePCA的构造函数如下：

```
sklearn.decomposition.SparsePCA（n_components=None, *, alpha=1, ridge_alpha=0.01, max_iter=1000, tol=1e-08, method='lars', n_jobs=None, U_init=None, V_init=None, verbose=False, random_state=None）
```

其中，参数alpha控制了主成分的稀疏性。数值越大，主成分越稀疏。

（3）小批量稀疏主成分分析MiniBatchSparsePCA。类MiniBatchSparsePCA是类SparsePCA的一种变体，速度更快，但是精度相对低。它是通过对所有特征变量的迭代处理来提高速度的。类MiniBatchSparsePCA的构造函数如下：

```
sklearn.decomposition.MiniBatchSparsePCA（n_components=None, *, alpha=1, ridge_alpha=0.01, n_iter=100, callback=None, batch_size=3, verbose=False, shuffle=True, n_jobs=None, method='lars', random_state=None）
```

其中，参数batch_size指定在每次小批量运算时，处理的特征变量个数。

7.2 核主成分分析KPCA

前面讲过，主成分分析PCA是一种应用广泛的线性降维技术，而本节将要讲述的核主成分分析KPCA（kernel principal component analysis）则是一种非线性降维技术。它是对PCA的扩展，其基本理念是通过核函数（kernel function）把低维线性不可分的数据集投影到某个高维空间中，在高维空间中实现线性可分，这样就可以处理原始空间中线性不可分的数据集了。这种技术在去噪、压缩和结构化预测（指预测结果为有结构的输出，而不是一个类别标签或者一个回归值。例如机器翻译中的输出一个句子）等方面都有应用。

我们知道，在主成分分析算法PCA中，主成分的数量不会大于数据集中特征变量的个数；而在核主成分分析算法KPCA中，主成分的数量仅仅受限于数据集中的样本数量。这一点成为两种成分分析算法最为明显的不同。

在Scikit-learn中，实现核主成分分析的类为sklearn.decomposition.KernelPCA。表7-2详细说明了这个转换器的构造函数及其属性和方法。

表7-2　核主成分分析KPCA转换器

名称	sklearn.decomposition.KernelPCA	
声明	KernelPCA(n_components=None, *, kernel='linear', gamma=None, degree=3, coef0=1, kernel_params=None, alpha=1.0, fit_inverse_transform=False, eigen_solver='auto', tol=0, max_iter=None, iterated_power='auto', remove_zero_eig=False, random_state=None, copy_X=True, n_jobs=None)	
参数	n_components	可选。一个正整数，或者None，指定主成分分析过程中保留的主成分数量。默认值为None，表示将保留所有非零主成分
	kernel	可选。一个字符串或者可回调函数，指定选择的核函数。设置为一个字符串时，可选值范围为{"linear", "poly", "rbf", "sigmoid", "cosine", "precomputed"}。 默认值为"linear"。以上取值含义请参考表5-1 单类支持向量机评估器OneClassSVM的参数kernel，这里不再赘述
	gamma	可选。一个浮点数，或None，指定核函数各项的系数。仅在kernel设置为“rbf”、“poly”、“sigmoid”时有效。 默认值为None，表示设置gamm为1/n_features。其中n_features为特征变量数量
	degree	可选。一个正整数，表示多项式核函数的幂级数。仅kernel设置为“poly”时有效。 默认值为3
	coef0	可选。一个浮点数，表示核函数中的独立项。 默认值为1.0。 注：此参数仅kernel设置为“poly”、“sigmoid”时有效
	kernel_params	可选。一个字典对象，包含了传递给核函数的其他参数。仅在核函数为可回调函数时有效。 默认值为None，表示没有参数需要传递
	alpha	可选。一个浮点数，指定在逆转换时岭回归的超参数。仅在参数fit_inverse_transform设置为True时有效
	fit_inverse_transform	可选。一个布尔变量值，表示在选择非"precomputed"核函时，是否需要学习或确定逆转换。 默认值为False
	eigen_solver	可选。一个字符串，指定特征值求解器，可取值范围为{"auto", "dense", "arpack", "randomized"}。 （1）如果设置为"auto"，则按照下面规则确定特征值求解器： 如果参数n_components≤10，且样本数量大于200，则选择"arpack"；其他情况下选择"arpack"； （2）如果设置为"dense"，则选择则执行全SVD分解，这将调用scipy.linalg.eigh的LAPACK求解器，并且通过后处理过程选择主成分； （3）如果设置为"arpack"，则按照则执行截断SVD分解，并截断至n_components个主成分，这将调用scipy.sparse.linalg.eigsh的ARPACK求解器。必须满足条件：0<n_components<n_samples； （4）如果设置为"randomized"，则按照Halko等人设置的方法执行随机SVD分解

续表

<table>
<tr><td rowspan="9">参数</td><td>tol</td><td>可选。一个浮点数，表示当在eigen_solver设置为"arpack"时计算奇异值的使用收敛误差。取值范围为[0.0, infinity)。
默认值为0.0，表示由算法自行确定最佳收敛误差</td></tr>
<tr><td>max_iter</td><td>可选。一个正整数，或None。表示当在eigen_solver设置为"arpack"时的最大迭代次数。
默认值为None，表示由算法自行确定最佳值</td></tr>
<tr><td>iterated_power</td><td>可选。一个正整数，或者"auto"，指定当eigen_solver设置为"randomized"时的迭代次数。
默认值为"auto"，则当n_components<0.1*min(X.shape)时，设置为iterated_power=7；否则设置iterated_power=4</td></tr>
<tr><td>remove_zero_eig</td><td>可选。一个布尔变量值，指示是否去除0特征值。如果设置为True，可能会实际输出的主成分数量小于参数n_components。
注：当n_components设置为None时，此参数将被忽略，且所有0特征值讲标去除。
默认值为False</td></tr>
<tr><td>random_state</td><td>可选。可以是一个整型数（随机数种子），一个numpy.random.RandomState对象，或者为None，用于设置了一个随机数种子。在eigen_solver设置为"randomized"，或者"arpack"时有效。默认值为None。
具体取值请参见表4-6 哑分类评估器DummyClassifier的参数(random_state)</td></tr>
<tr><td>copy_X</td><td>可选。一个布尔变量值，指示是否存储输入数据集X的值。如果设置为True，则输入数据集X存储在属性X_fit中。
默认值为True</td></tr>
<tr><td>n_jobs</td><td>可选。一个整数值或None，表示计算过程中所使用的最大并行计算任务数（可以理解为线程数量）。
具体取值请参见表4-3 cross_validate()方法的参数(n_jobs)</td></tr>
<tr><td rowspan="4">KernelPCA的属性</td><td>eigenvalues_</td><td>形状shape为(n_components,)的数组，保存了居中核矩阵的特征值（按降序排序）。如果没有设置n_components和remove_zero_eig（即取默认值），则保存所有的特征值</td></tr>
<tr><td>eigenvectors_</td><td>形状shape为(n_samples, n_components)的数组，保存了居中核矩阵的特征向量。如果没有设置n_components和remove_zero_eig（即取默认值），则保存所有的主成分</td></tr>
<tr><td>dual_coef_</td><td>形状shape为(n_samples, n_features)的数组，表示逆转换矩阵。
注：仅在构造函数的参数fit_inverse_transform设置为True时有效</td></tr>
<tr><td>X_transformed_fit_</td><td>形状shape为(n_samples, n_components)的数组，包含了训练数据集在主成分上的投影。
注：仅在构造函数的参数fit_inverse_transform设置为True时有效</td></tr>
</table>

续表

KernelPCA的属性	X_fit_	形状shape为(n_samples, n_features)的数组。当构造函数的参数copy_X设置为True时，输入数据集将复制到此属性中；否则此属性仅为输入数据集的引用。这个属性的主要目的是用于方法transform()	
	n_features_in_	进入方法fit()的特征变量个数	
	feature_names_in_	进入方法fit()的每个特征变量的名称。只有在输入数据集X所有特征变量的名称为字符串类型时有效	
KernelPCA的方法	fit(X, y=None)：根据给定的训练数据集，训练（拟合）核主成分分析转换器	X	必选。形状shape为(n_samples, n_features)的数组对象，或者稀疏矩阵，表示训练数据集。其中n_samples为数据集的样本数量，n_features为数据集中的特征向量数
		y	可选。本参数没有意义，将被忽略。默认值为None
		返回值	返回转换器自身
	fit_transform(X, y=None, **params)：训练PCA转换器，并对数据集X进行降维	X	必选。形状shape为(n_samples, n_features)的数组对象，或者稀疏矩阵，表示训练数据集。其中n_samples为数据集的样本数量，n_features为数据集中的特征向量数
		y	可选。本参数没有意义，将被忽略。默认值为None
		params	其他额外的参数
		返回值	形状shape为(n_samples, n_components)的数组对象，包含了投影后的数据集
	get_params(deep=True)：获取转换器的各种参数	deep	可选。布尔型变量，默认值为True。如果为True，表示不仅包含此转换器器自身的参数值，还将返回包含的子对象的参数值
		返回值	字典对象。包含（参数名称：值）的键值对
	inverse_transform(X)：对数据集X进行逆转换，转回到原来的空间中	X	必选。形状shape为(n_samples, n_components)的数组，包含了转换后的数据集，其中n_samples表示样本数量，n_components表示主成分的数量
		返回值	形状shape为(n_samples, n_features)的数组，包含了逆转换后的样本数据
	set_params(**kwargs)：设置转换器的各种参数	kwargs	字典对象，包含了需要设置的各种参数
		返回值	转换器自身
	transform(X)：对数据集X进行降维操作	X	必选。形状shape为(n_samples, n_features)的数组对象，表示新数据集
		返回值	形状shape为(n_samples, n_components)的数组对象，包含了投影后的数据集

与上一节讲述的主成分分析PCA相比，核主成分分析KPCA有以下不同点：

（1）主成分分析PCA不支持稀疏矩阵式输入数据集，而核主成分分析KPCA是支持的；

（2）主成分分析PCA的输出结果中，主成分的数量受特征变量的数量限制，而在核主成分分析KPCA的输出结果中，影响主成分数量的是样本数量。所以，在KPCA算法中主成分数量可以很大。

下面我们以示例的形式展示核主成分分析KPCA算法。由于KernelPCA的使用非常类似主成分分析PCA，所以在本示例中，没有直接使用KernelPCA，而是自己编写实现了RBF核函数。为了对比，在本例中，分别绘制了原始数据集和转换后数据的图形。请看代码（KernelPCA.py）：

```
1.
2.   # 根据https://sebastianraschka.com/Articles/2014_kernel_pca.html改编
3.   import numpy as np
4.   from scipy.linalg import eigh
5.   from scipy.spatial.distance import pdist, squareform
6.   from sklearn.datasets import make_moons
7.   import matplotlib.pyplot as plt
8.   from matplotlib.font_manager import FontProperties
9.
10.  def stepwise_kpca(X, gamma, n_components):
11.      """
12.      基于RBF的核主成分分析KPCA
13.      参数:
14.          X: 一个Numpy数组，表示输入（原始）数据集
15.          gamma: RBF核函数的参数
16.          n_components: 选择的主成分数量
17.      返回值:
18.          前k个最大特征值（lambdas）及其对应的特征向量（alphas）
19.       """
20.      # 计算输入数据集中两两点的平方欧几里得距离
21.      sq_dists = pdist(X, 'sqeuclidean')
22.
23.      # 转换sq_dists为一个对称方阵
24.      mat_sq_dists = squareform(sq_dists)
25.
26.      # 计算方阵的核矩阵
27.      K = np.exp(-gamma * mat_sq_dists)
28.
29.      # 居中对称核矩阵
30.      N = K.shape[0]
31.      one_n = np.ones((N,N)) / N
32.      K_norm = K - one_n.dot(K) - K.dot(one_n) + one_n.dot(K).dot(one_n)
33.
34.      # 获取按特征值倒排序的排列及其对应的特征向量
35.      eigvals, eigvecs = eigh(K_norm)
```

```
36.
37.     # 获取前n_components个特征值及其对应的特征向量
38.     lambdas = [eigvals[-i] for i in range(1,n_components+1)]
39.     alphas = np.column_stack( list((eigvecs[:,-i] for i in list(range(1,
    n_components+1)))) )
40.
41.     return lambdas, alphas
42.   # end of stepwise_kpca()
43.
44.
45.
46.   # 生成两个交错半圆的数据集（两个类别），用于投影到一个1维子空间中（使用RBF
    核函数）
47.   X, y = make_moons(n_samples=100, random_state=123)
48.
49.   # 首先绘制生成的数据集：散点图
50.   # 设置绘图区域的尺寸，宽15，高8。单位inch
51.   fig = plt.figure(figsize=(15,8))
52.   fig.canvas.manager.set_window_title("核主成分分析KPCA")   # Matplotlib
    >= 3.4
53.   #fig.canvas.set_window_title("核主成分分析KPCA")  # Matplotlib < 3.4
54.   font  =  FontProperties(fname="C:\\Windows\\Fonts\\SimHei.
    ttf")  # , size=16
55.
56.   # 一行，两列。共两个图形：一个原始数据，一个转换后的数据
57.   # 绘制原始数据的图形
58.   plt.subplot(1, 2, 1)
59.   plt.scatter(X[y==0, 0], X[y==0, 1], color="red", alpha=0.5)
60.   plt.scatter(X[y==1, 0], X[y==1, 1], color="blue", alpha=0.5)
61.
62.   plt.title("非线性 2D 数据集", font=font)
63.   plt.ylabel("y 轴", font=font)
64.   plt.xlabel("x 轴", font=font)
65.
66.   #plt.show()
67.
68.
69.   def project_x(x_new, X, gamma, lambdas, alphas):
70.     """
71.     单个点映射计算
72.     参数：
73.         x_new：一个新的数据样本
74.         X：原始数据集
75.         gamma：RBF核函数的参数
```

```
76.         lambdas, alphas：计算获取的特征值和特征向量
77.     返回值：
78.         映射到子空间的新数据值
79.      """
80.     pair_dist = np.array([np.sum((x_new-row)**2) for row in X])
81.     k = np.exp(-gamma * pair_dist)
82.
83.     # 返回矩阵点积
84.     return k.dot(alphas / lambdas)
85. # end of project_x()
86.
87.
88. # 调用函数stepwise_kpca()
89. lambdas, alphas = stepwise_kpca(X, gamma=15, n_components=1)
90.
91. # 随机去一个点，验证方法的正确性：
92. # 假设 X[25] 为一个新数据点，把它映射到新的子空间中（1维）
93. x_new  = X[25]
94. X_proj = alphas[25] # original projection
95.
96. # x_new的映射
97. x_reproj = project_x(x_new, X, gamma=15, lambdas=lambdas, alphas=alphas)
98.
99.
100. # 绘制新子空间下的数据集图形：散点图
101. plt.subplot(1, 2, 2)
102. plt.scatter(alphas[y==0, 0], np.zeros((50)), color="red", alpha=0.5)
103. plt.scatter(alphas[y==1, 0], np.zeros((50)), color="blue", alpha=0.5)
104.
105. # 随机选定的点
106. plt.scatter(X_proj,   0, color="black", label="数据样本X[25]的原始投影",
     marker="^", s=100)
107. plt.scatter(x_reproj, 0, color="green", label="X[25]的重新映射点",
     marker="x", s=200)
108. plt.legend(scatterpoints=1, prop=font)
109.
110. plt.show()
111.
```

上述代码运行后，输出图7-3所示的图形。

在Scikit-learn中，还提供了截断奇异值分解（Truncated SVD）算法。截断奇异值分解是标准奇异值分解SVD的一个变体，它只计算前k个最多的奇异值，这方面非常类似于主成分分析PCA算法。但是于PCA算法不同的是，计算前无需对输入矩阵

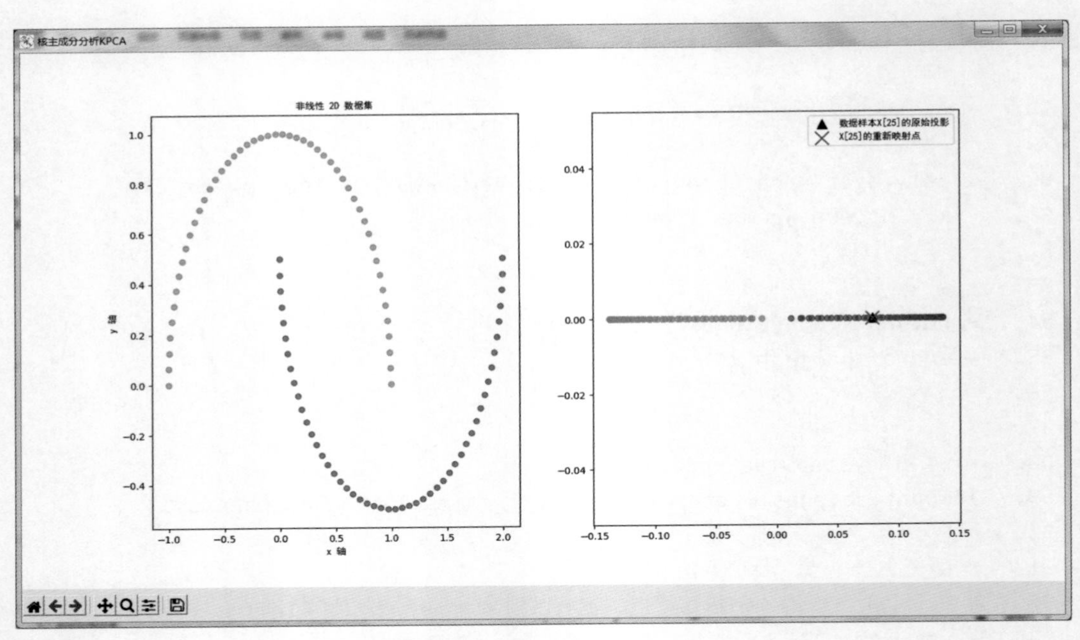

图7-3 核主成分分析算法运行结果

（输入数据集）进行居中。其构造函数如下：

```
sklearn.decomposition.TruncatedSVD(n_components=2, *, algorithm=
'randomized', n_iter=5, random_state=None, tol=0.0)
```

由于Truncated SVD的参数与前面核主成分分析KernelPCA非常类似，这里不再赘述。

7.3 字典学习

简单来说，字典学习是一种学习、获取一个称之为字典（dictionary）的矩阵的方法。任何一种信号表达为字典中尽可能少的列的线性组合。例如，在图像处理中，如果有一组基本的图像特征，任何一个图像就可以表示为这些基本图像特征的线性组合。这里，字典就是由基本图像特征组成的矩阵。字典的每一列是一个基本的图像特征（原子特征）。

在Scikit-learn中，字典学习（Dictionary Learning）包括两部分：基于预置字典进行稀疏编码和通用字典学习。

7.3.1 预置字典编码

在Scikit-learn中，提供了稀疏编码转换器sklearn.decomposition.SparseCoder，

用于把信号转换为一个基本元素的稀疏线性组合，这些基本元素来自一个预先确定的、大小固定的词典，例如小波变换中的基波，也是特征学习或表达学习中的一种技术。转换器SparseCoder无需拟合（训练），所以没有fit()方法，而方法transform()的目标是解决一个稀疏编码的问题，以尽可能少的基本元素的线性组合表达数据（信号），这是一种对原始数据的重构，能够提取出数据集中较好的特征，以便于进一步分析。

表7-3详细说明了稀疏编码转换器SparseCoder的构造函数及其属性和方法。

表7-3 稀疏编码转换器SparseCoder

名称	sklearn.decomposition.SparseCoder	
声明	SparseCoder(dictionary, *, transform_algorithm='omp', transform_n_nonzero_coefs=None, transform_alpha=None, split_sign=False, n_jobs=None, positive_code=False, transform_max_iter=1000)	
参数	dictionary	必选。一个形状shape为(n_components, n_features)的数组，表示用于稀疏编码的字典。其中n_components为基本元素数量，n_features为原始数据集中特征变量个数
	transform_algorithm	可选。一个字符串，制定数据转换的算法，可取值范围为{"lasso_lars", "lasso_cd", "lars", "omp", "threshold"}。其中： （1）"lasso_lars"：最小角Lasso回归； （2）"lasso_cd"：坐标下降法Lasso回归； （3）"lars"：最小角回归； （4）"omp"：正交匹配追踪算法； （5）"threshold"：设置阈值法，将投影字典dictionary * X'中所有小于alpha的系数都压缩为零，其中X是输入数据。 默认值为"omp"
	transform_n_nonzero_coefs	可选。一个整数或None，输出结果中每一列中非零系数的个数。仅在transform_algorithm设置为"lars"或"omp"时有效，且在"omp"时，此参数将被alpha覆盖。 默认值为None，表示此参数值为int(n_features/10)
	transform_alpha	可选。一个浮点数，或者None。其含义如下： （1）如果transform_algorithm设置为"lasso_lars"，或者"lasso_cd"，则transform_alpha为L1正则化参数； （2）如果transform_algorithm设置为"threshold"，则transform_alpha为阈值； （3）如果transform_algorithm设置为"omp"，则transform_alpha为误差参数。此时，它将覆盖transform_n_nonzero_coefs。 默认值为None，表示为浮点数1.0
	split_sign	可选。一个布尔变量值，指示是否将系数特征向量划分为正、负两部分。划分正、负两部分的一个优点是可以提高后续分类器的性能。默认值为False

续表

<table>
<tr><td rowspan="3">参数</td><td>n_jobs</td><td colspan="2">可选。一个整数值或None，表示计算过程中所使用的最大并行计算任务数(可以理解为线程数量)。具体取值请参见表4-3 cross_validate()方法的参数(n_jobs)</td></tr>
<tr><td>positive_code</td><td colspan="2">可选。一个布尔值，表示是否强制要求各个系数特征向量的元素为正。默认值为False</td></tr>
<tr><td>transform_max_iter</td><td colspan="2">可选。一个正整数，表示在transform_algorithm设置为"lasso_cd"或"lasso_lars"时，需要执行的最大迭代次数。默认值为1000</td></tr>
<tr><td rowspan="3">SparseCoder的属性</td><td>n_components_</td><td colspan="2">一个整数，表示基本元素的个数</td></tr>
<tr><td>n_features_in_</td><td colspan="2">一个整数，表示进入转换方法的特征变量个数</td></tr>
<tr><td>feature_names_in_</td><td colspan="2">进入转换放的每个特征变量的名称。只有在输入数据集X所有特征变量的名称为字符串类型时有效</td></tr>
<tr><td rowspan="14">SparseCoder的方法</td><td rowspan="3">fit(X, y=None)：本方法仅仅是占位符，不做任何工作。保留本方法可以在使用方法fit()的流程中保持兼容性，例如管道。</td><td>X</td><td>必选。表示输入数据集</td></tr>
<tr><td>y</td><td>可选。本参数没有意义，将被忽略。
默认值为None</td></tr>
<tr><td>返回值</td><td>返回转换器自身</td></tr>
<tr><td rowspan="4">fit_transform(X, y=None, **fit_params)：对数据X进行转换</td><td>X</td><td>必选。形状shape为(n_samples, n_features)的数组对象，表示训练数据集。其中n_samples为数据集中样本个数，n_features是数据集中特征变量个数</td></tr>
<tr><td>y</td><td>可选。本参数没有意义，将被忽略。默认值为None</td></tr>
<tr><td>fit_params</td><td>一个字典对象，包括了其他额外的参数</td></tr>
<tr><td>返回值</td><td>形状shape为(n_samples, n_features_new)的数组对象，包含了转换后的数据集</td></tr>
<tr><td rowspan="2">get_params(deep=True)：获取转换器的各种参数</td><td>deep</td><td>可选。布尔型变量，默认值为True。如果为True，表示不仅包含此转换器自身的参数值，还将返回包含的子对象（也是评估器）的参数值</td></tr>
<tr><td>返回值</td><td>字典对象。包含（参数名称：值）的键值对</td></tr>
<tr><td rowspan="2">set_params(**kwargs)：设置转换器的各种参数</td><td>kwargs</td><td>字典对象，包含了需要设置的各种参数</td></tr>
<tr><td>返回值</td><td>转换器自身</td></tr>
<tr><td rowspan="3">transform(X, y=None)：对数据集进行转换，把数据集编码为由基本元素组成的稀疏组合</td><td>X</td><td>必选。形状shape为(n_samples, n_features)的数组对象，表示新数据集</td></tr>
<tr><td>y</td><td>可选。本参数没有意义，将被忽略。默认值为None</td></tr>
<tr><td>返回值</td><td>形状shape为(n_samples, n_components)的数组对象，包含了转换后的数据集</td></tr>
</table>

下面我们以示例的形式展示稀疏编码转换器SparseCoder的使用方法。在本例中，把一个初始信号以稀疏Ricker小波（也称为墨西哥帽小波）的组合表示。代码使用了固定宽度和多种宽度两种字典方式表示，并分别绘制了图像，以便能够形象地看出两者的区别。请看代码（SparseCoder.py）：

```
1.
2.     import numpy as np
3.     from sklearn.decomposition import SparseCoder
4.     from sklearn.utils.fixes import np_version, parse_version
5.     import matplotlib.pyplot as plt
6.     from matplotlib.font_manager import FontProperties
7.
8.
9.     def ricker_function(resolution, center, width):
10.        """离散二次采样Ricker小波,也称为墨西哥帽小波,
11.           一种小波函数，常用于小波变换"""
12.        x = np.linspace(0, resolution - 1, resolution)
13.        x = (
14.            (2 / (np.sqrt(3 * width) * np.pi ** 0.25))
15.            * (1 - (x - center) ** 2 / width ** 2)
16.            * np.exp(-((x - center) ** 2) / (2 * width ** 2))
17.        )
18.        return x
19.
20.
21.    def ricker_matrix(width, resolution, n_components):
22.        """Ricker小波(墨西哥帽小波)的字典"""
23.        centers = np.linspace(0, resolution - 1, n_components)
24.        D = np.empty((n_components, resolution))
25.        for i, center in enumerate(centers):
26.            D[i] = ricker_function(resolution, center, width)
27.        D /= np.sqrt(np.sum(D ** 2, axis=1))[:, np.newaxis]
28.        return D
29.
30.
31.    resolution = 1024
32.    subsampling = 3  # 二次抽样因子
33.    width = 100
34.    n_components = resolution // subsampling
35.
36.    # 计算小波字典
37.    D_fixed = ricker_matrix(width=width, resolution=resolution, n_
       components=n_components)
38.    D_multi = np.r_[
39.        tuple(
40.            ricker_matrix(width=w, resolution=resolution, n_components=n_
       components // 5)
41.            for w in (10, 50, 100, 500, 1000))
```

```
42.     )
43. ]
44.
45. # 生成一个信号
46. y = np.linspace(0, resolution - 1, resolution)
47. first_quarter = y < resolution / 4
48. y[first_quarter] = 3.0
49. y[np.logical_not(first_quarter)] = -1.0
50.
51. # 列出不同的稀疏编码方法，格式：
52. # （标题(title)，转换算法(transform_algorithm)，转换alpha(transform_
    alpha),
53. #   转换中非零系数个数(transform_n_nozero_coefs)，颜色(color)）
54. estimators = [
55.     ("正交匹配追踪法", "omp", None, 15, "navy"),
56.     ("最小角Lasso回归", "lasso_lars", 2, None, "turquoise"),
57. ]
58.
59. # 考虑未来兼容性
60. # Avoid FutureWarning about default value change when numpy >= 1.14
61. lstsq_rcond = None if np_version >= parse_version("1.14") else -1
62.
63. fig = plt.figure(figsize=(13, 6))
64. fig.canvas.manager.set_window_title("稀疏编码SparseCoder")   # Matplotlib
    >= 3.4
65. #fig.canvas.set_window_title("稀疏编码SparseCoder")  # Matplotlib < 3.4
66. font = FontProperties(fname="C:\\Windows\\Fonts\\SimHei.
    ttf")  # , size=16
67.
68. for subplot, (D, title) in enumerate(
69.     zip( (D_fixed, D_multi), ("固定宽度", "多种宽度")) ):
70.
71.     plt.subplot(1, 2, subplot + 1)
72.     plt.title("基于%s字典的稀疏编码" % title, font=font)
73.     plt.plot(y, lw=2, linestyle="--", label="原始信号")
74.     # 实施小波近似
75.     for title, algo, alpha, n_nonzero, color in estimators:
76.         coder = SparseCoder(
77.             dictionary=D,
78.             transform_n_nonzero_coefs=n_nonzero,
79.             transform_alpha=alpha,
80.             transform_algorithm=algo,
81.         )
82.         x = coder.transform(y.reshape(1, -1))
83.         density = len(np.flatnonzero(x))
84.         x = np.ravel(np.dot(x, D))
85.         squared_error = np.sum((y - x) ** 2)
86.         plt.plot( x, color=color, lw=2,
```

```
87.                 label="%s: %s个非零系数,\n%.2f误差" % (title, density, squared_
    error),
88.         )
89.
90.     # 阈值方式去偏差
91.     coder = SparseCoder(
92.             dictionary=D, transform_algorithm="threshold", transform_
    alpha=20
93.     )
94.     x = coder.transform(y.reshape(1, -1))
95.     _, idx = np.where(x != 0)
96.     x[0, idx], _, _, _ = np.linalg.lstsq(D[idx, :].T, y, rcond=lstsq_
    rcond)
97.     x = np.ravel(np.dot(x, D))
98.     squared_error = np.sum((y - x) ** 2)
99.     plt.plot(x, color="darkorange", lw=2,
100.            label="阈值法(去偏差):\n%d个非零系数, %.2f误差" % (len(idx), squared_
    error),
101.    )
102.    plt.axis("tight")
103.    plt.legend(shadow=False, loc="best", prop=font)
104.
105. plt.subplots_adjust(0.04, 0.07, 0.97, 0.90, 0.09, 0.2)
106. plt.show()
107.
```

上述代码运行后，输出图7-4所示的图形。

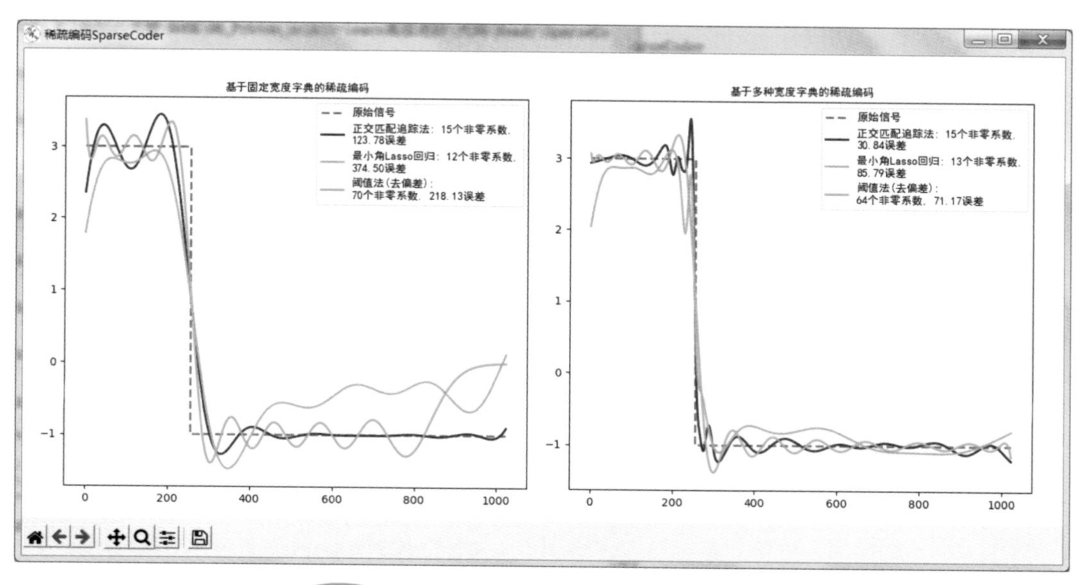

图7-4 稀疏编码转换器SparseCoder算法运行结果

7.3.2 通用字典学习

与预置指定编码相反，通用字典学习的目的是寻找能够更好地拟合数据集的字典，字典中的基本元素可以看作是概念、特征、字词等，它们的用处在于能够以稀疏编码的方式拟合数据。通用字典学习的过程是一个矩阵分解的过程，在图像补全、修复和去噪等方面应用非常广泛。

在Scikit-learn中，实现通用字典学习的类是sklearn.decomposition.DictionaryLearning，这也是一个转换器。表7-4详细说明了这个转换器的构造函数及其属性和方法。

表7-4 字典学习转换器DictionaryLearning

<table>
<tr><td>名称</td><td colspan="2">sklearn.decomposition.DictionaryLearning</td></tr>
<tr><td>声明</td><td colspan="2">DictionaryLearning（n_components=None, *, alpha=1, max_iter=1000, tol=1e-08, fit_algorithm='lars', transform_algorithm='omp', transform_n_nonzero_coefs=None, transform_alpha=None, n_jobs=None, code_init=None, dict_init=None, verbose=False, split_sign=False, random_state=None, positive_code=False, positive_dict=False, transform_max_iter=1000）</td></tr>
<tr><td rowspan="7">参数</td><td>n_components</td><td>可选。一个整数，或None，表示字典中可以包含的基本元素数量。
默认值为None，表示n_components等于n_features，其中n_features为原始数据集中特征变量个数</td></tr>
<tr><td>alpha</td><td>可选。一个浮点数，控制稀疏程度的参数。默认值为1.0</td></tr>
<tr><td>max_iter</td><td>可选。一个整数，指定计算过程中的最大迭代次数，默认值为1000</td></tr>
<tr><td>tol</td><td>可选。一个浮点数，指定计算数值误差。默认值为1e-8</td></tr>
<tr><td>fit_algorithm</td><td>可选。一个字符串，指定拟合（训练）方法，可取值范围{"lars", "cd"}。其中：
（1）"lars"表示使用最小角回归算法解决Lasso路径；
（2）"cd"表示使用坐标下降法计算Lasso问题。默认值为"lars"</td></tr>
<tr><td>transform_algorithm</td><td>与稀疏编码转换器SparseCoder的参数transform_algorithm含义相同，参见表7-3 稀疏编码转换器SparseCoder的相关参数</td></tr>
<tr><td>transform_n_nonzero_coefs</td><td>与稀疏编码转换器SparseCoder的参数transform_n_nonzero_coefs含义相同，参见表7-3 稀疏编码转换器SparseCoder的相关参数</td></tr>
</table>

续表

参数	transform_alpha	与稀疏编码转换器SparseCoder的参数transform_alpha含义基本相同，参见表7-3 稀疏编码转换器SparseCoder的相关参数。 注：当次参数设置为默认值None时，表示此参数等于参数alpha的值
	n_jobs	可选。一个整数值或None，表示计算过程中所使用的最大并行计算任务数（可以理解为线程数量）。 具体取值请参见表4-3 cross_validate()方法的参数(n_jobs)
	code_init	可选。一个形状shape为(n_samples, n_components)的数组，或者None，表示为了热启动所设置的初始编码值。 默认值为None，表示不指定初始编码
	dict_init	可选。一个形状shape为(n_samples, n_features)的数组，或者None，表示为了热启动所设置的初始字典。默认值为None，表示不指定初始字典
	verbose	可选。一个布尔值，用来指定是否详细输出计算过程中的新。默认为False
	split_sign	与稀疏编码转换器SparseCoder的参数split_sign含义相同，参见表7-3 稀疏编码转换器SparseCoder的相关参数
	random_state	可选。可以是一个整型数（随机数种子），一个numpy.random.RandomState对象，或者为None，用于设置了一个随机数种子。在svd_solver设置为"randomized"，或者"arpack"时有效。默认值为None。 具体取值请参见表4-6 哑分类评估器DummyClassifier的参数（random_state）
	positive_code	可选。一个布尔值，表示是否强制要求各个基本元素为正。 默认值为False
	positive_dict	可选。一个布尔值，表示是否强制要求字典的各个基本元素均为正。默认值为False
	transform_max_iter	可选。一个正整数，表示在transform_algorithm 设置为"lasso_cd"或"lasso_lars"时，需要执行的最大迭代次数。默认值为1000
DictionaryLearning的属性	components_	一个形状shape为（n_components, n_features）的数组，保存了字典中的基本元素
	error_	一个Python数组对象，记录了每次迭代过程中的误差数据
	n_features_in_	一个整数，表示进入fit()方法的特征变量个数

续表

DictionaryLearning的属性	feature_names_in_		进入转换放的每个特征变量的名称。只有在输入数据集X所有特征变量的名称为字符串类型时有效
	n_iter_		一个整数，保存了计算过程中实际迭代的次数
DictionaryLearning的方法	fit(X, y=None)：根据数据集X，训练转换器	X	必选。形状shape为(n_samples, n_features)的数组对象，表示训练数据集，其中n_samples表示样本数量，n_ features表示数据集中特征变量的数量
		y	可选。本参数没有意义，将被忽略。默认值为None
		返回值	返回转换器自身
	fit_transform(X, y=None, **fit_params)：基于数据集X进行转换器训练，然后转换数据集X	X	必选。形状shape为(n_samples, n_features)的数组对象，表示训练数据集。其中n_samples为数据集中样本个数，n_features是数据集中特征变了个数
		y	可选。本参数没有意义，将被忽略。默认值为None
		fit_params	一个字典对象，包括了其他额外的参数
		返回值	形状shape为(n_samples, n_features_new)的数组对象，包含了转换后的数据集
	get_params(deep=True)：获取转换器的各种参数	deep	可选。布尔型变量，默认值为True。如果为True，表示不仅包含此转换器自身的参数值，还将返回包含的子对象（也是评估器）的参数值
		返回值	字典对象。包含（参数名称：值）的键值对
	set_params(**kwargs)：设置转换器的各种参数	kwargs	字典对象，包含了需要设置的各种参数
		返回值	转换器自身
	transform(X, y=None)：对数据集进行转换，把数据集编码为由基本元素组成的稀疏组合	X	必选。形状shape为(n_samples, n_features)的数组对象，表示新数据集
		y	可选。本参数没有意义，将被忽略。默认值为None
		返回值	形状shape为(n_samples, n_components)的数组对象，包含了转换后的数据集

Scikit-learn还提供了一个适合大数据集的小批量字典学习类sklearn.decomposition.MiniBatchDictionaryLearning，它是一个适合在线学习的字典学习算法，所以实现了方法partial_fit()。由于这个类的参数与字典学习DictionaryLearning

的参数非常类似，这里不再赘述。

7.4 因子分析

与主成分分析PCA一样，因子分析FA（factor analysis）也是一种多元统计分析方法，它是研究如何以最少的信息损失，使多个原始特征变量浓缩成少数几个因子变量的技术（因而也起到了降维的作用）。一般情况下，这些因子变量都具有较强的可解释性。但是，因子分析和主成分分析是两种不同的分析方法，这里简要说明两者的区别。

在主成分分析PCA中，最终确定的主成分是原始特征变量的一种线性组合。假设原始特征变量为x_1、x_2、…、x_m，经过PCA分析后，所得出的少数几个主成分，尽可能多地保留原始变量的信息（方差信息），且彼此不相关。每个主成分Z_i（i=1~p）都是原始m个特征变量的线性组合。其中，第一个主成分Z_1在方差中占比最大，说明它综合原有变量的能力最强；越往后主成分在方差中的比重也小，综合原信息的能力越弱。这是一种“向上聚合”的数据处理方式。

而因子分析FA的目的是找出隐藏在一组可观测的特征变量中的一些更基本的、但又无法直接测量到的隐形变量。其基本思想是：根据特征变量间相关性大小把变量分组，使得同组内的变量之间相关性较高，但不同组的变量不相关或相关性较低，每组变量代表一个基本结构，即公共因子，也称为隐形变量。这样，任何一个原始特征变量都可以由这些公共因子的线性组合来表示。这是一种“向下钻取”的数据处理方式。

设一个原始特征变量x_i，则因子分析的分解公式如下：

$$x_i=Wh_i+\mu+\epsilon$$

式中，h_i表示待发掘的隐形向量（公共因子）；W为隐形向量权重矩阵，即因子载荷矩阵；μ为偏置量；ϵ是服从高斯分布，且均值为0、方差为ϕ的噪声项。

因子分析法的主要步骤如下：

（1）对原始数据集进行标准化处理；

（2）计算标准化处理后的数据集的相关矩阵R；

（3）求相关矩阵R的特征根和特征向量；

（4）根据系统要求的累积贡献率确定主因子的个数；

（5）计算因子载荷矩阵A；

（6）确定因子模型；

（7）根据上述计算结果，对数据集进一步分析。

在Scikit-learn中，因子分析FA被实现为一个转换器（transformer），实现因子分析类为sklearn.decomposition.FactorAnalysis。在进行公共因子（隐形变量）求解过程中，使用了基于奇异值分解SVD的算法。表7-5详细说明了这个转换器的构造函数及其属性和方法。

表7-5 因子分析转换器FactorAnalysis

名称	sklearn.decomposition.FactorAnalysis	
声明	FactorAnalysis(n_components=None, *, tol=0.01, copy=True, max_iter=1000, noise_variance_init=None, svd_method='randomized', iterated_power=3, rotation=None, random_state=0)	
参数	n_components	可选。一个正整数或者None，指定公共因子的个数。 默认值为None，表示设置为原始数据集中特征变量的个数
	tol	可选。一个浮点数，设定计算对数似然比时增长停止误差。默认值为0.01
	copy	可选。一个布尔变量值，指定传递给方法fit()的数据是否被覆盖。如果为 False，则传递给方法fit()的数据将被覆盖，并且运行fit(X).transform(X)不会产生预期的结果。此时应使用fit_transform(X)。默认值为True
	max_iter	可选。一个正整数，表示求解公共因子时最大迭代次数。 默认值为1000
	noise_variance_init	可选。形状shape为(n_features,)的数组，设置每一个特征变量对应的初始噪声方差。默认值为None，相当于设置np.ones(n_features)
	svd_method	可选。一个字符串，指定奇异值计算的求解器，可取值范围为{"lapack", "randomized"}。 （1）如果设置为"lapack"，则执行标准的SVD分解，这将调用scipy.linalg.svds求解器； （2）如果设置为"randomized"，则调用sklearn.utils.extmath.randomized_svd方法执行随机SVD分解。 默认值为"randomized"。 注：一般情况下，设置为"lapack"已经足够精确，且效率较高。如果要追求更加准确，可设置参数iterated_power为更大值，或者设置为"randomized"
	iterated_power	可选。一个正整数，指定当svd_method设置为"randomized"时的迭代次数。默认值为3
	rotation	可选。一个字符串或None，制定SVD求解过程中的旋转规则。可取值范围为{"varimax", "quartimax"}，能够提高因子的解释性。默认值为None，表示不旋转

续表

参数	random_state		可选。可以是一个整型数(随机数种子)，一个numpy.random.RandomState对象，或者为None，用于设置了一个随机数种子。在svd_method设置为"randomized"时有效。默认值为None。 具体取值请参见表4-6 哑分类评估器DummyClassifier的参数(random_state)
FactorAnalysis的属性	components_		形状shape为(n_components, n_features)的数组，包含了具有最大方差的公共因子
	loglike_		一个形状shape为(n_iterations,)的数组，包含了每次迭代中的对数似然值
	noise_variance_		形状shape为(n_features,)的数组，包含了每个特征变量的估计噪声方差
	n_iter_		一个正整数，记录实际的迭代次数
	mean_		形状shape为(n_features,)的数组，包含每个特征变量的(经验)平均值
	n_features_in_		进入方法fit()的特征变量个数
	feature_names_in_		进入方法fit()的每个特征变量的名称。只有在输入数据集X所有特征变量的名称为字符串类型时有效
FactorAnalysis的方法	fit(X, y=None): 根据给定的训练数据集和设定的SVD求解器，训练因子分析转换器	X	必选。形状shape为(n_samples, n_features)的数组对象，表示训练数据集，其中n_samples表示样本数量，n_ features表示数据集中特征变量的数量
		y	可选。本参数没有意义，将被忽略。默认值为None
		返回值	返回转换器自身
	fit_transform(X, y=None, **fit_params)：训练因子分析转换器，并对数据集X进行转换，获取公共因子	X	必选。形状shape为(n_samples, n_features)的数组对象，表示训练数据集
		y	可选。本参数没有意义，将被忽略。默认值为None
		fit_params	其他额外的参数
		返回值	形状shape为(n_samples, n_features_new)的数组对象，包含了转换后的数据集数组
	get_covariance()：计算原始数据集的协方差矩阵	返回值	形状shape为(n_features, n_features)的数组，表示原始数据集的协方差矩阵
	get_params(deep=True): 获取转换器的各种参数	deep	可选。布尔型变量，默认值为True。如果为True，表示不仅包含此转换器自身的参数值，还将返回包含的子对象(也是评估器)的参数值
		返回值	字典对象。包含(参数名称：值)的键值对

续表

FactorAnalysis的方法	get_precision()：计算原始数据集的精度矩阵，即协方差矩阵的逆矩阵	返回值	形状shape为(n_features, n_features)的数组，表示原始数据集的精度矩阵
	score(X, y=None)：计算所有样本对数似然值的平均值	X	必选。形状shape为(n_samples, n_features)的数组对象，表示数据集
		y	可选。此参数无意义，将被忽略。默认值为None
		返回值	返回所有样本数对数似然值的平均值
	score_samples(X)：计算每个样本数据的对数似然值	X	必选。形状shape为(n_samples, n_features)的数组对象，表示数据集
		返回值	形状shape为(n_samples,)，包含了每个样本的对数似然值
	set_params(**kwargs)：设置转换器的各种参数	kwargs	字典对象，包含了需要设置的各种参数
		返回值	转换器自身
	transform(X)：对数据集X进行降维操作	X	必选。形状shape为(n_samples, n_features)的数组对象，表示新数据集
		返回值	形状shape为(n_samples, n_components)的数组对象，包含了投影后的数据集

下面我们以示例的形式展示因子分析FA算法。在本例中，使用了鸢尾花数据集对主成分分析PCA与因子分析FA进行了对比，并进行了图形可视化。请看代码（FactorAnalysis.py）：

```
1.
2.  import numpy as np
3.  from sklearn.preprocessing import StandardScaler
4.  from sklearn.datasets import load_iris
5.  from sklearn.decomposition import FactorAnalysis, PCA
6.  from matplotlib.font_manager import FontProperties
7.  import matplotlib.pyplot as plt
8.
9.  # 以鸢尾花数据集为示例
10. data = load_iris()
11. X = StandardScaler().fit_transform(data["data"])
12. feature_names = data["feature_names"]
13.
14. n_comps = 2  # 主成分分析PCA的主成分为2，因子分析因子数量也为2
15. methods = [
16.     ("主成分分析PCA", PCA()),
17.     ("无旋转因子分析FA", FactorAnalysis()),
18.     ("Varimax旋转因子分析FA", FactorAnalysis(rotation="varimax")),
19. ]
20.
21. # 设置画布信息
```

```
22. fig, axes = plt.subplots(ncols=len(methods), figsize=(8, 5))
23. fig.canvas.manager.set_window_title("因子分析示例（鸢尾花数据集）")
    # Matplotlib >= 3.4
24. #fig.canvas.set_window_title("因子分析示例（鸢尾花数据集）")
          # Matplotlib < 3.4
25. #声明一个字体对象，后面绘图使用
26. font = FontProperties(fname="C:\\Windows\\Fonts\\SimHei.
    ttf")  # , size=16
27.
28. # 提取主成分/因子，并可视化展示
29. for ax, (method, fa) in zip(axes, methods):
30.   fa.set_params(n_components=n_comps)
31.   fa.fit(X)
32.
33.   components = fa.components_.T
34.   print("\n\n %s :" % method)
35.   print(components)
36.
37.   vmax = np.abs(components).max()
38.   ax.imshow(components, cmap="RdBu_r", vmax=vmax, vmin=-vmax)  # 热
    力图
39.   ax.set_yticks(np.arange(len(feature_names)))
40.   if ax.get_subplotspec().is_first_col():  #ax.is_first_col()已经过时
41.     ax.set_yticklabels(feature_names)
42.   else:
43.     ax.set_yticklabels([])
44.
45.   ax.set_title(str(method), fontproperties=font)
46.   ax.set_xticks([0, 1])
47.   if(method==methods[0][0]):       # "主成分分析PCA"
48.     ax.set_xticklabels(["主成分1", "主成分2"], fontproperties=font)
49.   else:
50.     ax.set_xticklabels(["因子1", "因子2"], fontproperties=font)
51.
52. # 显示
53. fig.suptitle("主成分/因子", fontproperties=font)
54. plt.tight_layout()
55. plt.show()
56.
```

上述代码运行后，输出结果如下：

```
1.   主成分分析PCA :
2. [[ 0.52106591  0.37741762]
3.  [-0.26934744  0.92329566]
4.  [ 0.5804131   0.02449161]
5.  [ 0.56485654  0.06694199]]
6.
7.
```

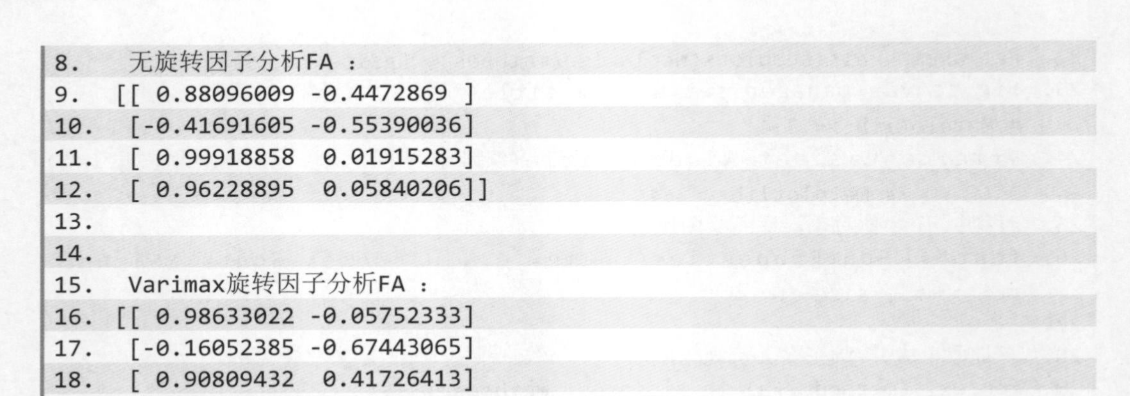

```
8.    无旋转因子分析FA ：
9.  [[ 0.88096009 -0.4472869 ]
10.  [-0.41691605 -0.55390036]
11.  [ 0.99918858  0.01915283]
12.  [ 0.96228895  0.05840206]]
13.
14.
15.  Varimax旋转因子分析FA ：
16. [[ 0.98633022 -0.05752333]
17.  [-0.16052385 -0.67443065]
18.  [ 0.90809432  0.41726413]
19.  [ 0.85857475  0.43847489]]
```

同时输出图7-5所示的图形。

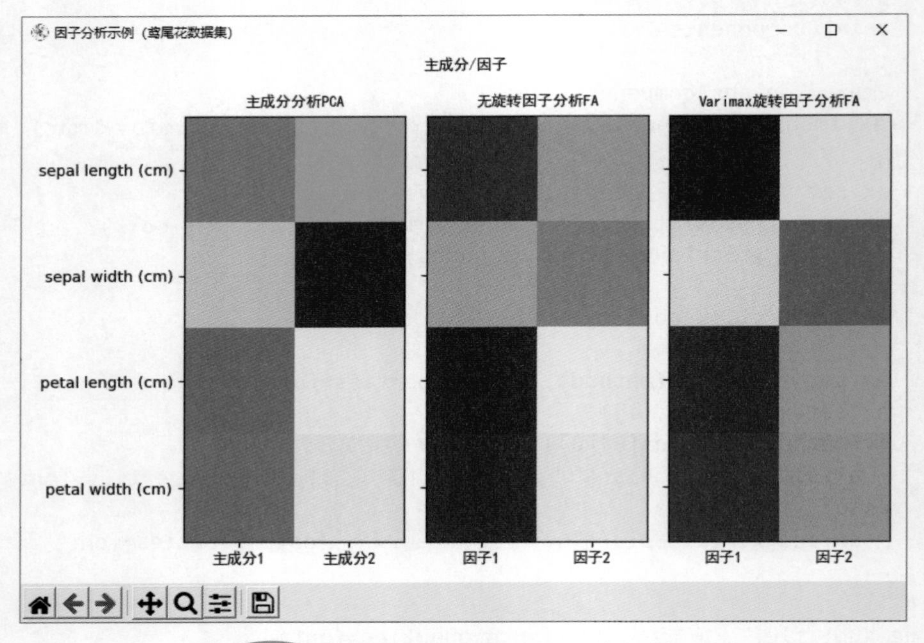

图7-5 因子分析FA与主成分分析PCA效果对比

7.5 其他信号分解

在Scikit-learn中，除了上面介绍的主成分分析、字典学习等信号分解转换器外，还实现了独立成分分析、非负矩阵分解和隐含狄利克雷分布。这几种转换器更多应用于图像处理、文本挖掘等领域。

7.5.1 独立成分分析

独立成分分析ICA（Independent component analysis）是将多变量信号分解为多个相对独立的成分（子分量），是一种无监督学习方法。独立成分分析ICA的目标不是降维（虽然起到了一定的降维），而是用于分离相对独立的叠加信号，例如混合信号的分离。由于ICA模型不包含噪声项，因此在分析过程中，需要对数据进行白化处理（去除数据的冗余信息）。

在Scikit-learn中，实现独立成分分析ICA的类是sklearn.decomposition.FastICA，这也是一个转换器。FastICA()的声明如下：

FastICA（n_components=None, *, algorithm='parallel', whiten=True, fun='logcosh', fun_args=None, max_iter=200, tol=0.0001, w_init=None, random_state=None）

其中主要参数如下：

✧ n_components：一个整数，表示独立成分的数量；

✧ algorithm：一个字符串，指定求解FastICA 的算法。可取值为{"parallel", "delfation"}。默认值为"parallel"；

✧ whiten：一个布尔变量值，指定是否执行白化预处理，默认为True；

✧ fun：一个字符串，表示计算过程中用于近似负熵计算的G函数的函数形式，可取值为{"logcosh", "exp", "cube"}，也可以是一个可回调对象。默认值为"logcosh"；

✧ w_init：形状shape为（n_componets,n_componets）数组，指定了混合矩阵的初始化值。也可以设置为None，表示没有初始值。

下面我们举一个简单的例子，说明独立成分分析ICA的使用。请看代码（FastICA.py）。

```
1.
2.  import numpy as np
3.  from sklearn.decomposition import FastICA
4.  from unittest import TestCase
5.
6.  # 随机构建训练数据集，100个样本，10个特征变量
7.  rng = np.random.RandomState(0)
8.  X = rng.random_sample((100, 10))
9.
10. # 声明一个TestCase对象
```

```
11. tc = TestCase()
12.
13. # 以两种情形测试FastICA()的应用：独立成分数量、是否白化
14. for whiten, n_components in [[True, 5], [False, None]]:
15.   n_components_ = (n_components if n_components is not None else X.
    shape[1])
16.
17.   #1 声明对象，训练并转换数据（获取独立成分）
18.   # fit_transform(X)
19.   ica = FastICA(n_components=n_components, whiten=whiten, random_
    state=0)
20.   Xt1 = ica.fit_transform(X)
21.
22.   #
23.   tc.assertEqual(ica.components_.shape, (n_components_, 10))
24.   tc.assertEqual(Xt1.shape, (100, n_components_))
25.
26.   #2 声明对象，训练，然后转换数据（获取独立成分）
27.   # fit(X) -->transform(X)
28.   ica = FastICA(n_components=n_components, whiten=whiten, random_
    state=0)
29.   ica.fit(X)
30.   tc.assertEqual(ica.components_.shape, (n_components_, 10))
31.   Xt2 = ica.transform(X)
32.
33.   # 这两种使用方式结果是否基本相同
34.   retAssert = np.testing.assert_array_almost_equal(Xt1, Xt2)
35.   if(retAssert is None):
36.     print("fit_transform() 与 fit()-->transform()结果是一致的......")
37.
38. # end of for ...
39.
```

上述代码运行后，输出结果如下：

```
1. fit_transform() 与 fit()-->transform()结果是一致的......
2. fit_transform() 与 fit()-->transform()结果是一致的......
```

在Scikit-learn中，除了类sklearn.decomposition.FastICA外，还提供了一个实现快速独立进行成分分析的方法sklearn.decomposition.fastica()，其参数与类FastICA的构造函数类似，这里不再赘述。

7.5.2 非负矩阵分解

非负矩阵分解NMF或者NNMF（non-negative matrix factorization）假设由数据集样本组成的数据矩阵*X*和分解的成分都是非负的。它可以作为主成分分析PCA及

其各种变体的一种替代，以适用于多个领域，比如文本处理、图像特征识别、语音识别、文档主题提取、源信息分割等。这种方法试图找到两个非负矩阵W、H，使两个矩阵的乘积得到的矩阵和原矩阵X对应位置的值之差尽可能小。损失函数如下：

$$\operatorname{argmin}\frac{1}{2}\sum_{i,j}[X_{ij}-(WH)_{ij}]^2$$

其中矩阵W称为转换矩阵，矩阵H称为成分矩阵。一般来说，矩阵H的维数小于（或远远小于）原矩阵X的维数，从而实现了降维的效果，而矩阵W则起到了映射矩阵的作用。这样，对原始数据集X的运算（如聚类）可以等效地运用在矩阵矩阵H上。

在Scikit-learn中，实现非负矩阵分解NMF的类是sklearn.decomposition.NMF，这也是一个转换器。NMF()的声明如下：

NMF（n_components=None, *, init='warn', solver='cd', beta_loss='frobenius', tol=0.0001, max_iter=200, random_state=None, alpha='deprecated', alpha_W=0.0, alpha_H='same', l1_ratio=0.0, verbose=0, shuffle=False, regularization='deprecated'）

其中主要参数如下：

✧ n_components：表示成分矩阵H的成分数量（行数），也等于矩阵W的列数；

✧ solver：指定数值求解器算法，可取值{"cd", "mu"}。其中"cd"表示坐标下降法（Coordinate Descent solver），"mu"表示加速更新法（Multiplicative Update solver）；

✧ alpha_W、alpha_H、l1_ratio：设置矩阵W、矩阵H的正则化系数，以及算法的混合参数。

下面我们举一个简单的例子，说明非负矩阵分解NMF的使用。请看代码（NMF.py）：

```
1.
2.  import numpy as np
3.  from sklearn.decomposition import NMF
4.
5.  # 构建原始非负矩阵（数据集）
6.  # 例如：X代表两个文档中的加权词频向量.一列代表一个文档
7.  # X的形状shape为(6,2)，两个文档，每个文档6个词
8.  X = np.array([[1, 1], [2, 1], [3, 1.2], [4, 1], [5, 0.8], [6, 1]])
9.
10. # 构建NMF模型
11. model = NMF(n_components=2, init='random', random_state=0)
12.
13. # 拟合模型，并得到转换矩阵W
```

```
14. W = model.fit_transform(X)
15.
16. # 获得成分矩阵H
17. H = model.components_
18.
19. # 分布输出转换矩阵W和成分矩阵H
20. print("转换矩阵W：")
21. print(W)
22. print("-"*37)
23. print("成分矩阵H：")
24. print(H)
25. print()
26.
27. print("="*37)
28. print("转换矩阵W与成分矩阵H的乘积：")
29. print(W@H)
30. print("原始数据集（矩阵）X：")
31. print(X)
32.
```

上述代码运行后，输出结果如下：

```
1.  转换矩阵W:
2.  [[0.         0.46880684]
3.   [0.55699523 0.3894146 ]
4.   [1.00331638 0.41925352]
5.   [1.6733999  0.22926926]
6.   [2.34349311 0.03927954]
7.   [2.78981512 0.06911798]]
8.  -------------------------------------
9.  成分矩阵H:
10. [[2.09783018 0.30560234]
11.  [2.13443044 2.13171694]]
12.
13. =====================================
14. 转换矩阵W与成分矩阵H的乘积:
15. [[1.00063558 0.99936347]
16.  [1.99965977 1.00034074]
17.  [2.99965485 1.20034566]
18.  [3.9998681  1.0001321 ]
19.  [5.00009002 0.79990984]
20.  [6.00008587 0.999914  ]]
21. 原始数据集（矩阵）X:
22. [[1.  1. ]
23.  [2.  1. ]
24.  [3.  1.2]
```

```
25.  [4.  1. ]
26.  [5.  0.8]
27.  [6.  1. ]]
```

从运行结果可以看出，矩阵*W*和矩阵*H*的乘积与原始矩阵*X*是非常接近的。

7.5.3 隐含狄利克雷分布

隐含狄利克雷分布LDA(Latent Dirichlet allocation)是一种用于离散数据集集合（如文本集）的生成式概率算法模型，可以从文档集合中发现、抽取主题。这是一种无监督学习算法，由Blei、David M.、吴恩达和Michael I. Jordan于2003年提出，在文本主题识别、文本分类以及文本相似度计算等方面应用较广。

在Scikit-learn中，实现隐含狄利克雷分布LDA的类是sklearn.decomposition.LatentDirichletAllocation，这也是一个转换器。LatentDirichletAllocation()的声明如下：

LatentDirichletAllocation（n_components=10, *, doc_topic_prior=None, topic_word_prior=None, learning_method='batch', learning_decay=0.7, learning_offset=10.0, max_iter=10, batch_size=128, evaluate_every=- 1, total_samples=1000000.0, perp_tol=0.1, mean_change_tol=0.001, max_doc_update_iter=100, n_jobs=None, verbose=0, random_state=None）

其中主要参数如下：

- ✧ n_components：表示主题（topic）数量；
- ✧ doc_topic_prior：主题先验分布，默认为1/n_components；
- ✧ learning_method：设置学习方法，可取值{"batch","online"}。其中"batch"表示批处理方式，"online"表示在线小批量处理方式；
- ✧ max_iter：最大数据集使用次数；
- ✧ max_doc_update_iter：更新主题分布所需的最大迭代次数。

8 模型持久化

我们知道，一个完整机器学习问题的实现流程需要数据采集、数据预处理、模型选择、模型训练、模型验证、模型优化和部署应用（预测应用）7个步骤。当一个模型训练之后，需要保存模型，以便将来直接使用。

8.1 针对Python对象的序列化

8.1.1 使用模块pickle序列化

在Scikit-learn中，可以使用Python自带的持久化模块pickle实现模型的保存、导出使用。它可以对一个Python对象进行二进制式的序列化和反序列化，包括pickling和unpickling两个操作。其中"pickling"是把一个结构化的Python对象转换为字节流的过程，而"unpickling"则是从一个字节流（如二进制文件）转回到一个结构化Python对象的过程。过程pickling也称为序列化（serialization）、编排（marshalling）、平面化（flattening）等。

模块pickle主要提供以下几个方法：

① dump（obj, file, protocol=None, *, fix_imports=True, buffer_callback=None） 把Python对象obj按照一定协议protocol序列化后保存到文件对象file（必须实现了write()方法）中。以便在其他程序中使用obj对象。在这个方法中，参数obj、file是必选项，其他为可选项。其中：

- 参数protocol：可取值为0，1，2，3，4，5，或者为负数。取值越大，表示使用Python的版本越大；如果取值为负数，则表示使用方法支持的最大版本的Python。默认值为None，相当于设置protocol为4。
- 参数fix_imports：与参数protocol一起使用，主要是为了考虑Python版本的兼容性问题。如果fix_imports设置为True，且protocol小于3时，则将会试图把Python 3中的模块名称映射到Python 2中的模块名称，以便Python 2的程序能够兼容输出文件file。默认值为True。
- 参数buffer_callback：指定是否把缓冲区视图中的内容序列化到文件对象file中。默认值为None，表示把缓冲区视图中的内容序列化到文件对象file中。

② dumps（obj, protocol=None, *, fix_imports=True, buffer_callback=None） 把Python对象obj按照一定协议protocol序列化为一个字节对象，也就是本方法的返回值。在这个方法中，参数obj是必选项，其他为可选项。每

个参数的含义同上。

③ load（file, *, fix_imports=True, encoding='ASCII', errors='strict', buffers=()） 从一个序列化的文件对象file（必须实现了read()和readline()方法）中加载数据，并反序列化为一个Python对象，即本方法的返回值。参数file为必选项，其他为可选项。其中：

- 参数fix_imports：主要是为了考虑Python版本的兼容性问题。如果设置为True，则方法load()将试图把Python 2的（模块）名称映射到Python 3的（模块）名称。默认值为True。
- 参数encoding：指定如何解码8比特位字符串对象（Python 2序列化的对象），可设置为'ASCII'、'bytes'、'latin1'等。默认值为'ASCII'。
- 参数errors：指定在解码文件对象file时，在遇到错误情况下的处理方式，可设置范围为{'strict', 'ignore', 'replace'}。
- 参数buffers：如果buffers为None，则反序列化所需的所有数据都必须包含在字节流中。这意味着在序列化（调用dump()或dumps()时），参数buffer_callback为None。默认值为None，即buffers=()。

④ loads（data, *, fix_imports=True, encoding='ASCII', errors='strict', buffers=()） 从序列化后的数据对象data中加载并反序列化为Python对象，即返回的结果。

下面我们以示例的形式展示模块pickle对模型进行序列化的例子（pickle.py）：

```
1.
2.  from sklearn import svm
3.  from sklearn import datasets
4.
5.  # 训练一个SVC()模型
6.  clf = svm.SVC()
7.  X, y= datasets.load_iris(return_X_y=True)
8.  clf.fit(X, y) # 训练模型
9.
10. # 导入pickle
11. import pickle
12.
13. # 1 保存为Pyhon对象
14. # 使用模块pickle的dumps()方法导出（保存）模型
15. # pickling
16. model = pickle.dumps(clf)
17.
18. # ....
19.
```

```
20. # 使用模块pickle的loads()方法加载模型
21. # unpickling
22. clf2 = pickle.loads(model)
23.
24. # 应用模型
25. y0 = clf2.predict(X[0:1])
26. print("预测结果", y0)
27.
28. print("-"*37)
29.
30. # 2 保存为文件
31. # 获取持久化模型（保存）的文件对象。
32. try:
33.   outFile = open("E:\\MODLES\\SVC_Model.clf", mode ="wb")
34.
35.   # 使用模块pickle的dump()方法导出（保存）模型
36.   # pickling
37.   pickle.dump( clf, outFile )
38.
39. except Exception as e:
40.   # 处理错误过程
41.   print('Error:',e)
42. finally:
43.   if outFile:
44.     outFile.close() # 真正保存模型与文件中
45.
46.
47. # 使用模块pickle的loads()方法加载模型
48. # unpickling
49. try:
50.   inFile = open("E:\\MODLES\\SVC_Model.clf", mode ="rb")
51.
52.   # 使用模块pickle的load()方法加载模型
53.   # unpickling
54.   clf3 = pickle.load(inFile)
55.
56. except Exception as e:
57.   # 处理错误过程
58.   print('Error:',e)
59. finally:
60.   if inFile:
61.     inFile.close() # 真正保存模型与文件中
62.
63. # 应用模型
64. y0 = clf3.predict(X[0:1])
65. print("预测结果", y0)
66.
```

8.1.2 使用模块joblib序列化

模块joblib是一套提供轻量级流式操作的Python工具包，经常用于并行计算。它在处理大型数据集和Numpy数组方面经过特殊优化，所以不仅效率高，而且稳定可靠。

模块joblib以BSD许可证方式开源，当前版本为1.1.0，需要Python Ver3.6及以上版本配合。官方网址：https://joblib.readthedocs.io/。

使用pip工具安装joblib的命令如下：

```
1.  pip install joblib==1.0.1  # 安装指定版本
2.  或则
3.  pip install -U joblib      # 直接安装最新的版本
```

模块joblib包括以下功能：

- joblib.Memory()
- joblib.Parallel()
- joblib.dump()
- joblib.load()
- joblib.hash()
- joblib.register_compress()
- joblib.delayed

等等

其中joblib.dump()、joblib.load()可以用来序列化（保存）和反序列化（加载）一个Python对象，包括经过训练后的机器学习模型。实际上，这两个方法是对模块pickle的扩展。

① joblib.dump（value, filename, compress=0, protocol=None, cache_size=None） 把Python对象value按照一定协议protocol序列化后保存到文件名称为filename的文件中，实际上filename也可以是一个文件对象。在这个方法中，参数value、filename是必选项，其他为可选项。其中参数protocol与上面介绍pickle.dump()中的参数protocol含义相同，其他参数含义如下：

- 参数filename：必选项。可以为一个Python文件对象，或者为一个全路径的文件名称。当扩展名称为'.z'、'.gz'、'.bz2'、'.xz'或'.lzma'时，自动启动压缩方法。
- 参数compress：一个0~9的整型数，或者一个布尔变量值，或者为一个二元，指定压缩级别。

◇ 0或False表示输出（保存）文件时不对Python对象value进行压缩。数值越大，表示压缩程度越大，同时也意味着导入和输出时的时间会增加。这是默认值；

◇ 如果设置为True，则等同于压缩级别3；

◇ 如果是一个二元组，则第一个元素为一个数组，表示压缩文件扩展名，可以为'.z'、'.gz'、'.bz2'、'.xz'或'.lzma'；第二个元素为一个0~9的整型数，表示压缩级别。

● 参数cache_size：一个正整数，本参数已经过时，已经不再起作用。

② joblib.load（filename, mmap_mode=None） 对使用joblib.dump()方法持久化到文件名称filename的Python对象进行反向操作，转换为Python对象。其中：

● 参数filename：必选项。保存在存储设备（如硬盘）中的序列化Python对象，可以为一个Python文件对象，或者为一个全路径的文件名称。

● 参数mmap_mode：指定内存映射方式，可取值范围为{None, 'r+', 'r', 'w+', 'c'}。如果不为None，则对硬盘中的数组对象进行内存映射。注意：本参数对压缩文件没有影响。默认值为None。

模块joblib的方法joblib.dump()和joblib.load()的使用方式与上面讲解的pickle的对应方法非常类似，这里不再举例。

8.2 模型互操作方式

机器学习理论和计算机技术的快速发展，为机器学习系统发展提供了坚实的基础，同时各行各业对数据价值的深入探索也推动了机器学习平台的应用，各种机器学习系统如雨后春笋般相继出现。在这些挖掘系统中，既有商用的平台软件，如IBM公司的SPSS Modeler、Teradata公司的TWM（Teradata Warehouse Miner）、SAS公司的Enterprise Miner、Oracle公司的Darwin、Microsoft公司的SQL Server Analysis Service等，也有大量的开源挖掘系统，如Weka、Tanagra、RapidMiner、KNIME、Orange、GGobi、JHepWork等。另外还有很多像Python、R等非常适合机器学习的语言，基于这些语言有很多专用的挖掘系统，应用在不同的特定项目中。

目前，机器学习几乎应用到所有的行业，并取得了巨大的成功。但是不同系统的厂商都是基于各自的发展规划，使用自己的技术，推出的机器学习系统各具特色，从而直接导致了机器学习模型不能在不同机器学习系统间共享，这对机器学习的进一步发展和应用造成了障碍。这种情况主要体现在以下几个方面：

（1）各种机器学习平台基于专有的模型和实现技术，平台之间相互独立，平行发展，形成了“平台孤岛”；

（2）机器学习模型没有一个统一的开放性描述标准，各有各的“描述语言”；

（3）由于“平台孤岛”的存在，一个机器学习模型很难嵌入到其他应用程序中发挥作用。

而随着机器学习技术发挥的作用越来越大，机器学习平台已经成为很多企业的必备系统，在不同系统之间进行模型共享和交换的需求也越来越强烈，市场迫切需要一种通用的挖掘模型描述语言，以实现模型描述的标准化和平滑移植，从而使在一种平台上训练优化的模型能够顺利应用到其他环境的系统中，使各个专有机器学习模型不再成为机器学习应用普及的一个个障碍。

为了解决这个问题，实现模型的共享与交换，目前已经出现了多个关于机器学习模型描述的开放标准，例如预测模型标记语言PMML（Predictive Model Markup Language）、开放神经网络交换协议ONNX（Open Neural Network eXchange）等，其中预测模型标记语言PMML应用最为广泛。

关于PMML的知识，读者可参考笔者的《PMML建模标准语言基础》《数据挖掘与机器学习：PMML建模》等书籍，这里不详细讲述。

模块sklearn2pmml能够实现把Scikit-Learn管道（管道也是一种模型）转换为PMML模型，这个模块是对Java版本的JPMML-SkLearn模块（将管道转换为PMML）的封装，所以它的运行需要Java运行环境的支持（Java 1.8或更新版本）。注意：模块sklearn2pmml只是能够把模型转换为PMML文件进行保存，并不能把PMML文件加载并转换为scikit-learn模型。如果需要加载PMML文件并转换为scikit-learn模型，需要使用其他模块，例如PyPMML。

模块sklearn2pmml的官方网址：https://github.com/jpmml/sklearn2pmml。

模块JPMML-SkLearn的官方网址：https://github.com/jpmml/jpmml-sklearn。

模块PyPMML的官方网址：https://github.com/autodeployai/pypmml。

模块sklearn2pmml以Affero GPLv3许可证方式开源，当前版本为0.77.1，需要Python Ver3.4及以上。使用pip工具安装sklearn2pmml的命令如下：

```
1.  pip install sklearn2pmml ==0.77.1  # 安装指定版本
2.  或则
3.  pip install -U sklearn2pmml         # 直接安装最新的版本
```

模块PyPMML的加载与上面类似。

一个典型的应用模块sklearn2pmml的流程如下：

（1）首先创建一个PMMLPipeline对象pipeline（PMML管道对象），并像在Scikit-learn中实例化Pipeline一样实例化PMMLPipeline对象。类sklearn2pmml.pipeline.PMMLPipeline扩展了类sklearn.pipeline.Pipeline，增加了如下功能：

- 在调用PMMLPipeline.fit（X，y）方法时，如果以pandas.DataFrame或pandas.Series对象作为参数X的输入，则以其列名称作为特征变量的名称；否则特征变量的名称将以'x1'、'x2'、'x3'、……表示；
- 在调用PMMLPipeline.fit（X，y）方法时，如果以pandas.Series对象作为参数y的输入，则以其名称作为目标变量的名称；否则特征变量的名称将以'y'表示。

（2）拟合（训练）和验证PMML管道对象pipeline。

（3）使用一个较小的数据子集，调用方法PMMLPipeline.verify（X）对PMML管道对象pipeline进行验证。这一步是可选步骤。

（4）调用sklearn2pmml.sklearn2pmml（pipeline，pmml_destination_path）方法，把PMML管道对象pipeline转换为一个PMML文件保存在本地。

（5）使用模块PyPMML提供的Model.fromFile()方法导入PMML文件，并转换为scikit-learn模型。

（6）使用转换的scikit-learn模型对数据进行预测。

下面我们以示例方式说明模块sklearn2pmml的使用方法。示例使用鸢尾花数据集训练了一个用于分类的逻辑回归模型，并通过sklearn2pmml保存到本地；然后使用PyPMML把保存的PMML文件加载、转换为scikit-learn模型使用（sklearn2pmml.py）。注意：在本例中，使用了模块sklearn-pandas，这个模块提供了Scikit-learn的机器学习方法和pandas风格的数据框架之间的桥梁，它提供了一种将DataFrame列映射到转换的方法，这些转换可以被重新组合为特征变量。

```
1.
2.  import pandas
3.
4.  #0 导入鸢尾花数据集iris.csv
5.  iris_df = pandas.read_csv("iris.csv")
6.
7.  #1.1 获得训练数据集
8.  iris_X = iris_df[iris_df.columns.difference(["Species"])]
9.  iris_y = iris_df["Species"]
10.
```

```
11. from sklearn_pandas import DataFrameMapper
12. from sklearn.decomposition import PCA
13. from sklearn.feature_selection import SelectKBest
14. from sklearn.impute import SimpleImputer
15. from sklearn.linear_model import LogisticRegression
16. from sklearn2pmml.decoration import ContinuousDomain
17. from sklearn2pmml.pipeline import PMMLPipeline
18.
19. #1.2 声明PMMLPipeline对象
20. pipeline = PMMLPipeline([
21.     ("mapper", DataFrameMapper([
22.         (["SepalLengthCm", "SepalWidthCm", "PetalLengthCm", "PetalWidt
    hCm"], [ContinuousDomain(), SimpleImputer()])
23.     ])),
24.     ("pca", PCA(n_components = 3)),
25.     ("selector", SelectKBest(k = 2)),
26.     ("classifier", LogisticRegression(multi_class = "ovr"))
27. ])
28.
29. #1.3 拟合（训练）管道模型
30. pipeline.fit(iris_X, iris_y)
31.
32. #1.4 验证
33. pipeline.verify(iris_X.sample(n = 15))
34.
35. #1.5 准备把训练的模型pipeline输出到本地PMML文件
36. from sklearn2pmml import sklearn2pmml
37.
38. #1.6 保存PMML文件
39. sklearn2pmml(pipeline, "E:\\MODLES\\LogisticRegressionIris.
    pmml", with_repr = True)
40.
41.
42. # 其他工作
43.
44.
45. #2.1 导入并转回scikit-learn模型
46. from pypmml import Model
47.
48. model = Model.fromFile("E:\\MODLES\\LogisticRegressionIris.pmml")
49.
50. #2.2 使用模型进行预测
51. Y_pred = model.predict(iris_X)
52. print(Y_pred)
53.
```

上述代码运行后，输出结果如下：

```
1.         probability（Iris-setosa）  ...  probability（Iris-virginica）
2.  0                      0.893784  ...                 6.224562e-07
3.  1                      0.812340  ...                 1.095282e-06
4.  2                      0.824586  ...                 5.794138e-07
5.  3                      0.785586  ...                 1.184920e-06
6.  4                      0.895841  ...                 5.294406e-07
7.  ..                          ...  ...                          ...
8.  145                    0.000302  ...                 7.150334e-01
9.  146                    0.000506  ...                 5.901356e-01
10. 147                    0.000452  ...                 6.807620e-01
11. 148                    0.000313  ...                 6.999728e-01
12. 149                    0.000891  ...                 5.691921e-01
13.
14. [150 rows x 3 columns]
```

9 Sklearn 系统配置

为了保证程序能够顺利运行，Scikit-learn会对数据进行一些验证，这显然会增加拟合、预测等环节的开销（空间和时间）。例如对特征变量值是处于有限范围内还是无限的，特别对是否为一个数值（NaN）的验证更为明显，因为这涉及所有的样本数据。如果我们确定数据集是可接受的（没有问题），则可以通过设置环境变量SKLEARN_ASSUME_FINITE为非空字符，跳过检查数据的有限性，或者通过调用sklearn.set_config()方法的assume_finite参数来设置。

这里简要介绍使用Scikit-learn时涉及的主要环境变量。

9.1 系统环境变量

环境变量是在操作系统或应用程序执行时默认设定的参数，它们是操作系统中具有特定名称的对象，例如PATH（命令搜索路径）、CLASSPATH（指定Java类所在目录）等。通过设置环境变量，可以更好地运行应用程序。

在安装完Python之后，使用Python之前，可以按照需要配置如表9-1所示的系统环境变量。系统环境变量可通过os.environ.get()获取。

表9-1 系统环境变量

序号	系统环境变量	说明
1	SKLEARN_ASSUME_FINITE	设置默认sklearn.set_config()方法的assume_finite参数的默认值
2	SKLEARN_WORKING_MEMORY	设置默认sklearn.set_config()方法的working_memory参数的默认值
3	SKLEARN_SEED	设置全局随机数生成器的种子。这可以保证在运行测试时，实现结果的重现性
4	SKLEARN_SKIP_NETWORK_TESTS	设置是否在需要网络访问是检测网络是否可用。如果设置为一个非零值，则跳过检测；否则首先检测网络的可用性。 如果没有配置此系统环境变量，默认为设置了一个非零值，即跳过检测
5	SKLEARN_ENABLE_DEBUG_CYTHON_DIRECTIVES	设置是否CPython解释器进行边界检查，以便能发现段错误。当设置为一个非零值时，开启边界检查；否则，不检查边界

关于系统环境变量的设置方法，请参考相关资料，这里不再赘述。

9.2 运行时环境变量

在使用Scikit-learn的应用程序中，可以通过其提供的方法设置运行时环境变量，从而影响程序的运行。表9-2展示了scikit-learn提供的与运行时环境变量设置、获取相关的方法。

表9-2 Scikit-learn运行时环境变量设置方法

序号	方法名称	说明
1	sklearn.config_context（*[, assume_finite, ...]）	获取Scikit-learn全局配置的上下文管理器（context manager）
2	sklearn.set_config（[assume_finite, working_memory, ...]）	设置Scikit-learn运行时环境变量
3	sklearn.get_config()	返回由方法set_config()配置的运行时环境变量

这里，我们重点介绍一下set_config()方法。熟悉了这个方法，其他两个方法就比如容易了解了。如表9-3所示。

表9-3 设置运行时环境变量方法set_config()

sklearn.set_config	
set_config（assume_finite=None, working_memory=None, print_changed_only=None, display=None）	
assume_finite	可选。一个布尔变量值，或None。如果设置为True，则跳过对特征变量数据范围有限性的验证，这样可以节省时间，但会存在潜在的程序崩溃危险（例如，如果数组包含了NaN，则可能会导致段错误）；如果设置为False，则需要对特征变量数据范围有限性的验证，这样虽然增加了程序运行的时间，但是可以避免潜在的异常发生。默认值为None，相当于设置为False
working_memory	可选。一个正整数，或None。表示Scikit-learn在进行分块操作时，为了节省时间和内存，对临时数组分配的内存大小，单位MiB，MiB全称"mebibyte"，等于2^{20}个字节，由国际电工委员会（IEC）于2000年制定，在某些时候用以替代MB。 默认值为None，相当于设置为1024MiB
print_changed_only	可选。一个布尔变量值或None，控制评估器输出信息的方式。如果设置为True，则只输出设置为非默认值的参数信息；如果设置为False，则输出所有的参数信息（无论是默认值参数，还是非默认值参数）。 默认值为None，相当于设置为False
display	可选。一个字符串，或None，控制评估器所输出信息的显示形式。可选字符串值为"text""diagram"。如果设置为"diagram"，则在Jupyter或notebook环境中输出信息显示为图表形式；如果设置为"text"，则总是显示为文本形式。 默认值为None，相当于设置为"text"

下面我们以例子的形式说明以上方面的使用。在下面的例子中，分别使用了set_config()、config_context()两个方法。请看代码（Set_config.py）：

```
1.
2.   import sklearn
3.   from sklearn.linear_model import LogisticRegression
4.   from sklearn import set_config
5.
```

```
6.  #0 输出所有信息
7.  set_config(print_changed_only=False)
8.
9.  #1 算法LogisticRegression()的默认设置如下:
10. #LogisticRegression(penalty='l2', *, dual=False, tol=0.0001, C=1.0,
    fit_intercept=True,
11. #                     intercept_scaling=1, class_weight=None, random_
    state=None,
12. #                            solver='lbfgs', max_iter=100, multi_
    class='auto', verbose=0,
13. #                      warm_start=False, n_jobs=None, l1_ratio=None)
    [source]
14.
15. #2 改变一个参数值
16. lr = LogisticRegression(penalty="l1", max_iter=100)
17.
18. print("由于print_changed_only=False，故输出所有信息:")
19. print(lr)
20. print("-"*37)
21.
22. #3 只输出修改过的参数
23. set_config(print_changed_only=True)
24.
25. print("由于print_changed_only=True，仅输出修改过的信息:")
26. print(lr)
27. print("-"*37)
28.
29.
30. #4 上下文环境示例
31. from sklearn.utils.validation import assert_all_finite
32.
33. with sklearn.config_context(assume_finite=True):
34.     print("假定数据值都在有效范围内，则不再核查。")
35.     assert_all_finite([float('nan')])  # 数据不在有效范围内，但不会引发异常
36.     print("OK.......\n")
37.
38. with sklearn.config_context(assume_finite=True):
39.     with sklearn.config_context(assume_finite=False):
40.         print("不再假定数据值都在有效范围内，则核查所有值。")
41.          assert_all_finite([float('nan')])   # 数据不在有效范围内，引起异常
    发生
42.         print("NOT ok.......") # 不会运行到这一行...
43.
```

上述代码运行后，输出结果如下：

```
1.  由于print_changed_only=False，故输出所有信息:
2.  LogisticRegression(C=1.0, class_weight=None, dual=False, fit_
    intercept=True,
```

```
3.                    intercept_scaling=1, l1_ratio=None, max_iter=100,
4.                    multi_class='auto', n_jobs=None, penalty='l1',
5.                    random_state=None, solver='lbfgs', tol=0.0001,
   verbose=0,
6.                    warm_start=False)
7.  --------------------------------------
8.  由于print_changed_only=True，仅输出修改过的信息：
9.  LogisticRegression(penalty='l1')
10. --------------------------------------
11. 假定数据值都在有效范围内，则不再核查。
12. OK.......
13.
14. 不再假定数据值都在有效范围内，则核查所有值。
15. Traceback (most recent call last):
16.   File "E:\代码\Set_config.py", line 41, in <module>
17.     assert_all_finite([float('nan')])   # 不在有效范围内的数据，引起异常发生
18.   File "E:\DevSys\Python38\lib\site-
   packages\sklearn\utils\validation.py", line 134, in assert_all_finite
19.     _assert_all_finite(X.data if sp.issparse(X) else X, allow_nan)
20.   File "E:\DevSys\Python38\lib\site-packages\sklearn\utils\validation.
   py", line 114, in _assert_all_finite
21.     raise ValueError(
22. ValueError: Input contains NaN, infinity or a value too large for dtype
   ('float64').
```

后 记

Scikit-learn是基于Python的开源免费机器学习库，起源于发起人David Cournapeau在2007年参加谷歌编程之夏GSoC（Google Summer of Code）的一个项目，目前已经成为最受欢迎的机器学习库，在很多商业应用中已经发挥了巨大的作用。本书是潘风文所著的《Scikit-learn机器学习详解（上册）》《Scikit-learn机器学习详解（下册）》的进阶，我们试图通过这三本图书，把内容丰富、功能强大的机器学习框架完整地呈现给大家，并进行系统条理的讲解，包括Scikit-learn框架解剖以及各种机器学习算法、模型原理。本书通过浅显的语言、通俗的内容、翔实的实例、丰富的技巧，帮助有志于从事人工智能，特别是机器学习的读者快速掌握机器学习的理论，并将理论与实际项目相结合，将Scikit-learn有效应用于日常项目开发。我们相信，通过本系列图书的学习，读者不仅仅能学到Scikit-learn本身的精髓，更能够较为全面地理解各种模型的原理，掌握各种模型的应用，使自己能够在大数据及人工智能领域顺利登堂入室。真诚希望本系列图书能够对国内大数据及人工智能领域的开发者和爱好者有所裨益。

在过去的十多年中，Python多次成为TIOBE编程语言名人堂（Programming Language Hall of Fame）排行中的优胜者，特别是在2020年、2021年，Python连续两年成为优胜者。

TIOBE编程语言名人堂

年	优胜者
2021	Python
2020	Python
2019	C
2018	Python
2017	C
2016	Go
2015	Java
2014	JavaScript
2013	Transact-SQL
2012	Objective-C
2011	Objective-C
2010	Python